古DNA与中国家马起源研究

蔡大伟 著

科学出版社

北京

内 容 简 介

中国家马起源一直是考古学界关注的热点问题。近年来，国内一些研究团队陆续开展了一系列古代家马的线粒体DNA研究，对河南、山东、内蒙古等地多处遗址出土的古代马进行了线粒体DNA分析，发现中国家马的起源既有本地驯化的因素，也受到外来家马线粒体DNA基因流的影响，欧亚草原地带很可能是家马及驯化技术向东传播进入中国的一个主要路线。但由于缺乏西北地区的数据，家马传播的路线尚不清晰。本书对陕西、甘肃、宁夏、新疆等北甘青宁地区的11个早期青铜时代至春秋战国时期遗址的98匹古代马进行了DNA分析，结合世界各地发表的古代马DNA数据，重构了中国家马遗传结构演变的时空框架，揭示了中国家马的起源。

本书适合从事考古学研究的各级大专院校教师、研究人员和高校学生参考阅读。

图书在版编目（CIP）数据

古DNA与中国家马起源研究/蔡大伟著．—北京：科学出版社，2021.5
ISBN 978-7-03-067061-8

Ⅰ．①古…　Ⅱ．①蔡…　Ⅲ．①马-起源-研究-中国　Ⅳ．①S821.2

中国版本图书馆CIP数据核字（2020）第241592号

责任编辑：赵　越/责任校对：邹慧卿
责任印制：张　伟/封面设计：陈　敬

科 学 出 版 社 出版
北京东黄城根北街16号
邮政编码：100717
http://www.sciencep.com
北京厚诚则铭印刷科技有限公司 印刷
科学出版社发行　各地新华书店经销
*
2021年5月第 一 版　开本：720×1000　1/16
2022年8月第二次印刷　印张：8 1/2
字数：170 000
定价：168.00元
（如有印装质量问题，我社负责调换）

Ancient DNA and the Origins of Chinese Domestic Horses

By Cai Da-wei

Science Press

Beijing

本书得到

国家社会科学基金项目资助

《中国家马起源的分子考古学研究》

（14BKG023）

本书得到

教育部人文社会科学重点研究基地重大项目

《早期丝绸之路东西方文化交流的考古学研究》

（16JJD780010）

吉林大学哲学社会科学创新团队建设项目

吉林大学哲学社会科学青年学术领袖培育计划

（2019FRLX07）

资助

目　　录

第1章 绪 言

1.1 家养动物起源研究意义

在人类发展的历史长河中，野生动物驯化占据了重要的地位，与劳动工具的改进、火的发现、语言文字的发展等一样在人类文明发展中起着重要作用[1]。家养动物的出现标志着人类开始能够对动物资源进行有效的管理和控制，体现出人类已经在安排获取食物资源的行为中只有计划性，显示了人类能够在更高的层次上对自己的生存活动能力进行开发。随着人类培育农作物和驯化动物能力的提高，早期人类的生产和生活方式开始由散居、渔猎型向群居、农业型转变。毫无疑问，开展家养动物的起源与进化研究对于我们了解人类社会经济形态的转变以及农业的起源与发展具有重要意义。

家养动物的出现对人类社会的发展具有深远的影响，例如绵羊和山羊的驯化为人类提供了大量肉、奶和毛皮资源；马的出现加速了人类文明进程，极大地提高了人类运输和战争能力，同时随着骑马民族的扩张活动导致人类的迁徙、种族的融合、语言和文化传播以及古老社会的崩溃。绵羊和黄牛的出现，除了丰富了当时人们的肉食资源，还推动了饲养技术和家养动物饲养业的发展，进一步促进了经济形态的复杂化。同时，绵羊和牛在历史时期祭祀活动中也扮演了重要角色，对祭祀中等级制度的形成，也起到了重要作用[2]。因此，对家养动物起源的研究不仅具有其自身的意义，而且对于了解人类社会的发展也有重要的价值。此外，野生动物被驯化为家养动物后，其扩散是依赖于人类的迁移和贸易活动而实现的。理论上通过分析家养动物遗传结构的变化规律，可以追踪史前人类的迁移和贸易活动情况。

家养动物的出现为人类社会的发展带来益处的同时，也把很多动物流行性疾病带给人类。史前时期，大量家养动物的出现促进了人类的定居生活，人口的数量和密度的急剧增加，造成动物流行性疾病迅速扩散，严重威胁到人类的生存。天花病毒就是一个最显著的例子，天花是一种古老而又猖獗的疾病，推测其可能出现在公元前1万年正值人类从游牧生活转为农业为主的定居生活时代，在对牛的驯化中，极有可能寄生于牛身上的痘病毒在同人类的漫长接触中，"突变而衍生"成后来为人类专有的痘病毒科属天花病毒[3]。因此，通过对家养动物的起源和扩散的研究将加深我们对人类流行病的起源和扩散的认识，为今后防止流行性疾病的扩散提供历史经验。

家养动物的驯化历史尽管非常短，但在强烈的人工选择作用的压力下，家养动物显示出比野生型更大量的遗传变异，这些遗传多样性是遗传育种的物质基础。动物遗传资源多样性对于所有生产系统来说都是至关重要的，它可以提供品种改良和适应变化环境的原始材料。近二十年来，随着国民经济的迅速发展，外来优良品种的大量引入、生存环境的持续恶化，以及品种的过度开发利用导致我国家养动物种质资源受到了极大的冲击，其遗传多样性正面临迅速消失的危险。了解家养动物多样性的起源与形成过程，对现代家养动物的遗传育种、种质资源的保护和合理利用以及畜牧业可持续发展具有重要的现实意义。

1.2 家养动物起源研究的基本问题

1.2.1 野生祖先问题

家养动物来自野生动物，要揭示家养动物的起源首先要从野生祖先入手，通过分析家养动物的野生祖先在历史上的分布区域，可以初步判断家养动物可能的驯化地点。此外，通过分析野生祖先的类型，我们能够了解现代家养动物遗传多样性的形成基础。

从驯化的过程上看，古人从野生种群中筛选出部分温顺的动物开始驯养，并不是驯养所有的野生动物。因此，一旦被驯化后，那些被筛选的野生种群就会消失，至于那些并没有被筛选的种群就会在人类长期、高强度的狩猎下逐渐消亡，即便有少数野生种群幸存下来，它们和驯化的种群相比也存在较大的差异。近年来，我们在吉林大安后套木嘎遗址的研究工作显示，人们狩猎了大量的原始牛，通过基因分析，它们的线粒体 DNA（mitochondria DNA，mtDNA）属于 C 型并没有被驯化，而目前的研究显示仅有近东地区的 T 型和 Q 型，以及亚平宁半岛的 R 型原始牛被驯化。近几十年来，随着全球人口数量增长和居住空间的极度扩张以及工业化带来的环境污染，极大地破坏了野生动物的栖息地，其分布范围也越来越小，大量的野生动物面临灭绝的危险境地。一些家养动物的野生自然群体已经灭绝或濒临灭绝，例如原牛、普氏野马、非洲野马等，而家养动物野生祖先种群仍然繁盛并广布的物种只有欧亚野猪和狼[4]。

1.2.2 驯化地点和时间

动物的驯化是社会发展到特定阶段或特殊需要的产物，例如，狗是人类最早驯化的动物，时间大约在距今 12000 年前的更新世晚期，那时在人们的生活方式以采集狩猎经济为主，需要狗去帮助人类狩猎。猪的驯化则可能伴随农业的发展而出现的，随着人类社会生产力的发展，原始农作物产量的增加，人们有富裕的粮食饲养动物，而家养动物此时所扮演的角色是人类重要的肉食资源和补充。因此，了解家养动物的驯化地点和时间，有助于我们了解人类社会的发展过程，尤其是农业的起源和扩散问题。大量的考古学证据显示大多数的家养动物驯化事件都发生在距今 10000 ～ 8000 年前，这一时段正是人类社会经济形态由采集、渔猎向定居、农耕转变的关键时期。西南亚、东亚以及美洲可能是三个主要的家养动物驯化中心，这三个地区历史上都是农业发达地区，印度和中国是亚洲栽培稻的起源中心，西南亚地区是大麦和小麦的主要发源地，而美洲是玉米的发源地（图 1.1），这些结果暗示家畜的驯化与农业的发展可能是一个相互联系的事件，而不是偶然发生的事件。

从考古资料上看，每一种家养动物都有一个最初的起源地点，很容易形成家养动物单一地区起源的观点，认为其他地区的家养动物都是由最初的起源地点扩散出去形成的。然而分子遗传学研究显示，大部分家养动物都有多个起源地

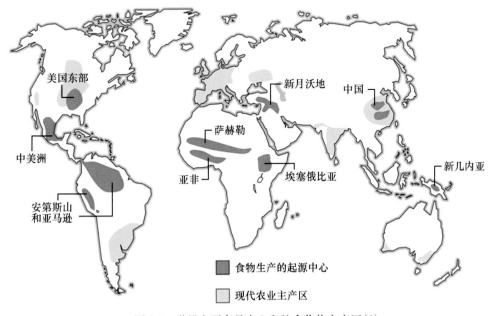

图 1.1　世界主要食品中心和粮食作物主产区[5]

点，这些结果暗示在不同地区的驯化活动与社会经济发展阶段以及生活需求密切相关，不同地区的驯化事件极有可能是在最初起源地点扩散出来的驯化技术的基础上发展起来的。与推测驯化地点相比，判断家养动物的起源确切时间是一件具有挑战性的任务。驯化开始的动物，在形态学上尚与它们的野生祖先没有明显差别，所以根据形态学标记得出的驯化事件发生的日期必将低估其实际时间。需要结合考古发掘、^{14}C 测定和分子遗传学等多方面信息综合考虑。

1.2.3　扩散、迁徙与文化交流

家养动物被驯化后，受到人类的严格管理和控制。作为人类赖以生存的最重要的经济动物，其管理、养殖和贸易是必不可少的，而这一切活动不可避免地造成了不同地区间的文化交流，成为推动文明发展的重要力量。Zeder 指出在早期驯化中心近东地区，牛、山羊、绵羊和猪被驯化后就开始扩散，向西进入欧洲地区，向东扩散到中亚、东亚地区（图 1.2）[6]。

费尔南德斯（Fernández）指出近东地区的山羊通过多瑙河路线和地中海路线，从近东地区被引入到欧洲地区（图 1.3）[7]。

袁靖先生指出在公元前 2200 年至公元前 1900 年间，起源于西方的农作物小麦以及家养动物黄牛和绵羊通过文化交流扩散到中原地区，新的生产力要素进入

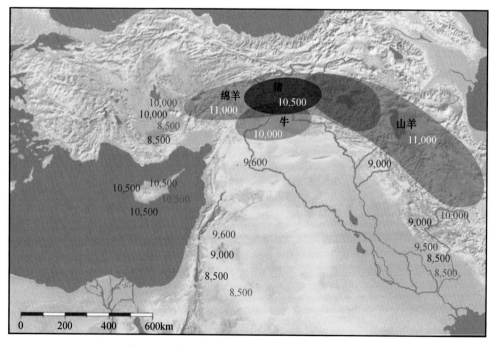

图 1.2　近东地区驯化的家畜扩散路线和时间[6]

黄河流域，使黄河流域在距今4000年左右出现了新的生产力和生产关系，其对中华早期文明的形成与发展起到了很大的推动作用[8]。

人类通过迁徙或者贸易交流活动将家养动物从最初的驯化地点带到了世界各地，最终形成了覆盖全球的庞大的贸易网络。动物交换网络已被证明在家畜种群间的基因流动中起着重要作用。由此看来家养动物起源与扩散是研究不同地区间文化交流的强有力工具。通过分析不同时期不同地点家养动物遗传结构的时空变化规律，可以揭示不同地区古代人群的文化交流活动。马是进行贸易活动的主要运输工具，Warmuth等通过对丝绸之路沿线17个地点的455本地马的DNA分析，指出欧亚大陆东部马群的遗传结构的形成与古代贸易路线密切相关（图1.4）[9]。

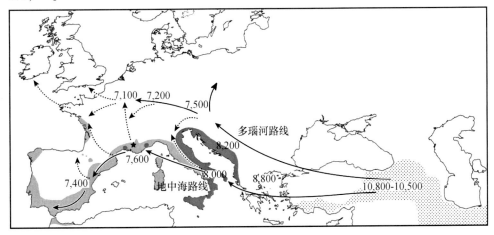

图1.3 山羊的扩散路线[7]

图1.4 家马群体在丝绸沿线的分布[9]

[路线:红色(北部草原路线);黄色(丝绸之路);蓝色(高海拔路线)]

1.3　家养动物起源的研究方法

1.3.1　传统动物考古学研究

传统上，进行家养动物起源研究最直接的方法就是开展动物考古学研究。通过对骨骼和牙齿形态测量、死亡年龄结构、病理现象、性别和数量比例特征以及结合考古学文化等方法手段来判断动物骨骼是否属于家畜，进而探讨其起源与驯化问题[10]。

1.3.1.1　骨骼和牙齿形态测量

只有很少的动物物种被成功驯化。驯化是一个复杂和渐进的过程，这个过程改变了祖先动物的行为和形态学特点，野生动物一些部位的骨骼会发生明显的形态变化，通过观察和测量，比较骨骼、牙齿的尺寸、形状等特征信息，可以区分家养动物和野生动物。例如，由于人类提供了充足的食物，猪可以不必用鼻吻部拱地掘食，长期持续下去是鼻吻部及头骨长度缩小，导致齿槽的长度相对于野猪变短，但牙齿数量并没有改变，从而导致形成扭曲的牙齿排列。牙齿的大小尺寸的测量也是判断动物是否为家畜的重要参数，例如家猪的上颌第 3 臼齿的平均长度达到 35、平均宽度达到 20 毫米，下颌第 3 臼齿的平均长度达到 40、平均宽度达到 17 毫米。这些大致是家猪牙齿平均值中的最大值，考古遗址出土家猪第 3 臼齿的平均值一般都小于这些数值，而野猪第 3 臼齿的平均值往往明显大于这些数值[11]。距今 8000 年前的河北武安磁山遗址出土的猪的第 3 上臼齿的测量数据就与家猪比较接近，因而被认为是中国最早被驯化的家猪[12]。2011 年，Cucchi 等人对距今 6600 年前，河南贾湖遗址出土的猪的下颌第二臼齿 M_2 进行了形态和尺寸分析，确定该遗址出土的猪是家猪，这一结果显示黄河流域可能是中国最早的家猪驯化中心之一[13]。通过形态分析，还能够识别出灭绝物种，Eisenmann 等通过牙齿形态分析发现了一种在晚更新世晚期就已经灭绝的马科动物［*Equus*（*Sussemionus*）*Ovodovi*][14]。通过对牛角形态的详细测量，汤卓炜指出内蒙古白音长汗遗址出土的牛科动物是未被驯化的、野生的原始牛（*Bos primigenius*）[15]。

1.3.1.2　死亡年龄结构

遗址中动物的死亡年龄可以通过观察牙齿的萌出情况和磨损情况来判断。如果遗址中出土的某一类动物绝大多数的个体集中在同一年龄阶段的现象，这很可能是由于当时居民对动物群体进行选择性屠宰的结果。如果死亡的年龄参差不齐，尤其是老弱动物居多，这可能是捕猎的野生动物。在距今 8000 年的河北省武安县磁山遗址中，超过 60% 的猪在 0.5～1 岁时就被宰杀，这种死亡年龄结构不是狩猎的结果，而是人为控制下的产物[16]，说明古人已经开始驯养猪了。此外，通过年龄结构分析，我们还能发现人类驯养目的和经济策略，李志鹏对殷墟出土的羊骨进行了死亡年龄结构分析，发现孝民屯出土的羊大部分在 2 岁以前被宰杀，而且主要集中在 0.5 岁到 2 岁之间，占 60% 以上，3 岁以后的成年个体只占少数，这表明期孝民屯居民饲养羊主要是用于肉食消费[17]。相反，博凯龄[18]和戴玲玲等[19]分别对龙山时期的陶寺和新砦遗址出土的羊进行了死亡年龄分析，发现大多数羊的死亡年龄在 3 岁以上，这表明这两个遗址的古代居民并不是以肉食消费为目的，而是为了获取奶和羊毛等次级产品。

1.3.1.3 病理现象

野生动物都是在野外自由成长起来，所承受的压力较小，在被人类捕获并开始驯化后，在生长发育期受到很大的人为和环境压力，从而表现出变异和发育不全的现象。神经嵴细胞是脊椎动物胚胎发育过程中出现的一个暂时性、多潜能细胞群，起源于背神经管的隆起——神经嵴[20]。神经嵴细胞形成后向外周迁移，可进一步分化为色素细胞。由于神经嵴细胞发育不全会造成色素异常表型相关疾病。早期野马的肤色都呈深棕色，经过人工驯化，在人工环境生活下，所承受的压力远比自然界大，引起神经嵴细胞发育不全，导致很多不同肤色的马的出现，并在人类的选择下生存并发展下来，事实上这些突变都是有害的，很多情况下与马的皮肤癌相关。Orlando 等人的研究进一步表明马的驯化遵循"神经嵴假说"，即家畜中常见的性状与影响来自"神经嵴"的组织和细胞的发育变化相关[21]。

另一个有趣的例子是线性牙釉质发育不全。当哺乳动物在生长发育期生理紧张时，会在牙冠形成过程中，在齿表面形成一个或多个齿沟或齿线。大量的观察表明，野猪很少出现线性牙釉质发育不全现象，而家猪在驯养的条件下常常会出现，因此这也成为判断家猪和野猪的一个标准[22]。

1.3.1.4 性别和数量比例特征

在驯化过程中，由于要保持必要的种群数量，同时避免性格暴烈的雄性动物造成的种群不稳定，人们通常会选择性格较为温顺的雌性动物来饲养，而仅仅是保留少数雄性用于繁殖。这样会造成遗址中出土动物的性别比例出现偏倚。如果一个遗址中出土的动物，大多是雌性，就表明人们开始对其进行了有目的饲养和管理。人类的这一生业策略直到现在一直都保持下来，在现代家养动物群体中，母系祖先的数量非常多，而雄性祖先的数量非常少，这一点在马的驯化过程中尤为明显，人们为了保持种群数量，不断地捕获野生的母马充实到种群中，导致其母系祖先非常丰富[23, 24]。相反，仅有少数有限的父系被保存下来，其遗传多态性非常低[25～27]。出土遗骨的数量也可以作为一个辅助参考的指标，如果某种动物骨骼的数量在遗址中出现频率较高，就要引起足够的重视，可能与人有着密切的关系。但是不能简单地因为数量多就认为是驯养动物，也有可能是当时古人大量狩猎的对象。例如，吉林大安后套木嘎遗址就出土了大量的牛科动物的骨骼，从骨骼形态上看与现代黄牛具有较大的区别，属于原始牛，很明显它们都是人们的狩猎对象。

1.3.1.5　考古学文化现象

根据考古学的文化现象进行推测，如果考古遗址中某些动物经过了古代人类有意识的处理，可认为属于家养动物。完整的动物骨骼或者动物的某一部位作为单独埋葬品或随葬品出土于墓葬、灰坑或特殊的遗迹中，表明此类动物与驯化有关，迄今为止，在考古遗迹中发现的这类动物基本上都是猪、狗、牛、羊等，通常认为这些动物属于家养动物。例如，磁山遗址中的几个窖穴里都埋葬有 1 岁左右的骨骼完整的猪，上面堆积有大量的炭化小米。这些都是当时人的有意所为，结合宰杀年龄，可以判断磁山遗址出土的猪是家猪。以上的这些方法通常需要相互结合运用，得到综合的结论。

1.3.2　稳定同位素食谱分析

家畜由于长时间和人类生活在一起，经常吃人类的残羹剩饭，其食物来源与野生动物相比完全不同，因此两者的营养结构完全不同，而这种不同完全能够从骨骼骨胶原中的 $\delta^{13}C$ 和 $\delta^{15}N$ 数据反映出来。目前，应用食谱区分家养动物的方法，首先在家猪和野猪的区分之中得到了应用，并取得了显著的成效。管理等人对吉林省通化市万发拨子遗址 26 座墓葬及灰坑中出土的猪骨遗骸进行了分析，揭示了该遗址中家猪和野猪在食物结构上的差异，探讨了采用食谱分析方法鉴别家猪与野猪的可行性。未污染猪骨的骨胶原 $\delta^{13}C$ 和 $\delta^{15}N$ 分析显示，猪主要以 C3 类植物为食，家猪与野猪的 $\delta^{13}C$ 值无明显差异，但 $\delta^{15}N$ 值的差异显著，这当与家猪食物中包含较多的蛋白质有关[25～27]。根据 $\delta^{15}N$ 值可以将家猪与野猪区分开来，这一结果预示着通过食谱分析方法科学鉴别家猪与野猪，进而探索家猪起源，将具有广阔的前景。胡耀武对山东后李文化时期（8500 ～ 7500 年前）月庄遗址的动物骨进行了 C、N 稳定同位素分析，探索猪群食谱差异，并通过与先民以及其他动物的同位素数值比较，尝试科学地鉴别家猪与野猪[28～30]。

周杉杉对浙江省余姚市田螺山遗址出土的水牛进行了碳、氮稳定同位素进行分析，发现田螺山遗址的水牛可能主要以沿海沼泽湿地的植被和海草为食，从距今 6500 年开始，水牛 $\delta^{13}C$ 值、$\delta^{15}N$ 值呈现出逐渐接近先民的趋势，可能受到了人为因素的影响，食用了部分来自先民的食物，并可能被用作整治稻田的畜力或信仰活动中的牺牲品[31]。陈相龙等对小珠山遗址的动物遗存进行了碳、氮稳定同位素分析，通过对小珠山遗址不同时期家养动物稳定同位素 $\delta^{13}C$ 值的变化，揭示了小珠山居民的生产生活方式从渔猎采集到食物生产的发展过程[32]。通过对动物开展稳定同位素研究，还可以有效地揭示古人的饲养策略，陈相龙等对新疆哈巴河县喀拉苏墓地出土人与动物骨骼进行碳、氮稳定同位素检测，结果表明喀拉苏先民是以草原畜牧经济为主要生计的人群，以放养羊为主，而且用苜蓿饲养马匹[33]。陈相龙等对陕西淳化枣树沟脑遗址西周中晚期马坑（MK1）出土马骨进行 C、N 稳定同位素分析，发现除了传统的野外采食的放养方式，古人已经有意识的用粟、黍喂养马匹[34]。

1.3.3 遗传学研究

家养动物是人类经过长期的人工选择繁育而成的，与其祖先或野生类型相比，驯化动物在结构、生理和行为特征方面显示出较大的变异，这种变异归根结底是由于遗传物质 DNA 的变化所引起的[35]。基于此，我们可以在 DNA 分子水平上利用遗传学的方法探讨家养动物的起源问题，从分子水平上揭示家养动物的野生祖先、起源地、起源时间、建群者大小、扩散路线等考古学基本问题[36]。家养动物的驯化是相对比较近期的事件，DNA 遗传标记标记需要具备进化速率快、多态性高的特性，才能反映家养动物群体间近期的历史进化关系。

1.3.3.1 线粒体 DNA 遗传标记

动物细胞内存在两套基因组，一套是细胞核内的基因组，即核 DNA；另一套是位于细胞质线粒体内的基因组，即线粒体 DNA（图 1.5）。线粒体 DNA 具有母系遗传、极少发生重组、进化速率快、种间种内多态性高等特点，作为动物进化研究的一类重要标记，已经被广泛的用于家养动物的起源与进化研究，为家养动物的起源、迁移和进化提供了大量的证据。通常，在一个家畜群体中每个世系的形成需要一个野生母畜的驯化，或将一个野生母畜融合到家畜中才可能实现，因此可以通过线粒体 DNA 序列来鉴别公认的野生祖先、母系的数量和它们的地理起源。

线粒体是存在于绝大多数真核细胞内的独立于细胞核的一种基本的、重要的细胞器，是细胞进行氧化磷酸化的场所。线粒体 DNA 呈现价闭合环状双链结构，分子量较小，一般为 15 ~ 20kb。两条链所含碱基成分不同，根据密度不同分为轻链（L，位于外圈）和重链（H，位于内圈）。线粒体 DNA 包含 37 个基因，其中 L 链上编码 ND6 和 8 个 tRNAs 基因；H 链上编码 22 个 tRNAs 基因，大小 2 个 rRNAs 基因（12SrRNA 和 16SrRNA）和 13 个疏水性蛋白质多

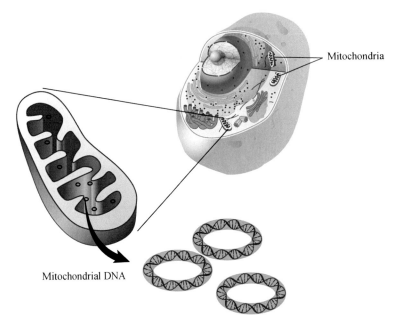

图 1.5　线粒体和线粒体 DNA

（图片引自 https://www.genome.gov/genetics-glossary/Mitochondrial-DNA）

肽（COX1，COX2，COX3，ND1，ND2，ND3，ND4，ND4L，ND5，ND6，ATP6，ATP8，CYTB）。除了 37 个基因外，在线粒体 DNA 重链上 tRNA pro 和 tRNA phe 之间还存在一段非编码区，是 mtDNA 与细胞核相联络的重要区域，也是 mtDNA 复制与转录的关键部位，因此称为控制区（Control Region，CR）或 D-loop 环（Displacement loop region，D-loop）（图 1.6）。

线粒体 DNA 进化速率较核 DNA 快 5 ～ 10 倍，在种间种内具有广泛多态性，常见形式为碱基替换，小核苷酸片段的插入和缺失较少，其中碱基替换主要发生在基因间隔区和控制区，且不同部位替换速率不同。

线粒体 DNA 中有两个重要的遗传标记：D-loop 环区和细胞色素 b（Cytochrome b，Cyt b）基因。

1.3.3.1.1　D-loop 区遗传标记

D-loop 环区由于不编码基因，选择压力小，所产生的突变可以不断地得到积累而对线粒体的功能不产生影响，因此具有更大的进化速率，在古 DNA 研究领域具有重要的意义。D-loop 环区富含丰富的碱基 A 和 T，按照碱基 A 的比率分为左功能区 L-Domian、中间保守区 C-Domian 和右功能区 R-Domian。左和右功能区为碱基 A 富集区，在遗传上属于高可变区；中间保守区为碱基 G 富集区，序列碱基变异相对保守。在控制区里有一些保守片段：Block A 和 B、CSB1、

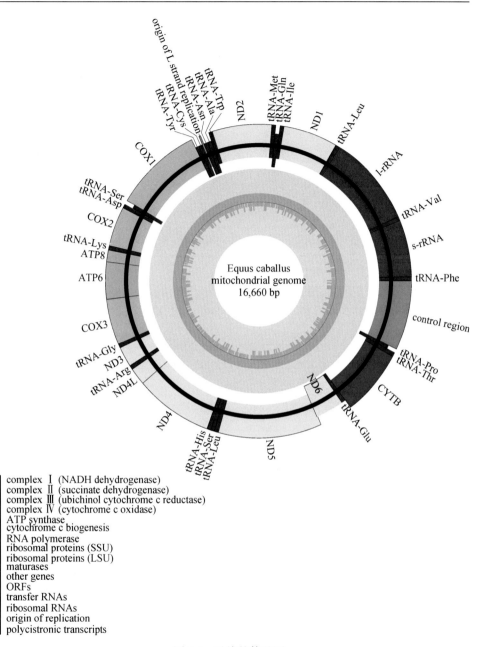

图 1.6 马线粒体基因

（原图引自 https://cn.bing.com/th?id=OIP.Ds5o_qIO4fAJ20EOLvjJ2wHaGv&pid=Api&rs=1，略有修改）

CSB2、CSB3、C-Domian、复制起始区（OH），2 个转录启动子（LSP 和 HSP）以及终止结合序列（TAS）（图 1.7）。在控制区内，碱基替换主要发生在非保守片段上，即使在亲缘关系很近的物种间，也存在长度变异，比较适合进行家养动物的起源研究。

　　马的线粒体控制区位置在 115469—16660 之间，16129—16360 是可变的重复区（图 1.8）[37]。

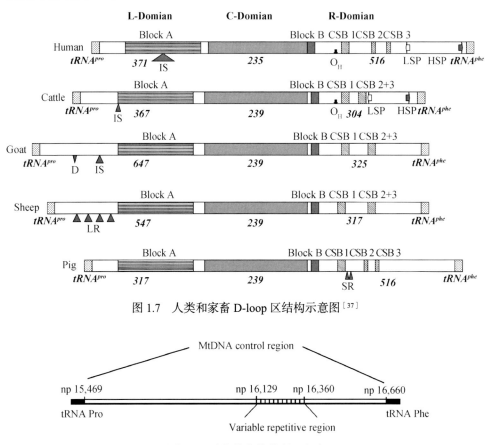

图 1.7　人类和家畜 D-loop 区结构示意图[37]

图 1.8　马的线粒体控制区[38]

1.3.3.1.2　Cyt b 基因遗传标记

　　Cyt b 基因在线粒体 DNA 的 H 链上，是编码线粒体内膜细胞色素 b 氧化酶基因的一个亚基，参与氧化磷酸化合成 ATP 过程。Cyt b 基因的起源非常古老，在几乎所有真核生物和许多原核生物的细胞中都有发现。Cyt b 基因全长约为 1100～1200bp，编码 379 个氨基酸，在物种间序列长度没有明显差异。Cyt b 基因进化速度适中，较小的一段基因片段包括了科间、属间、种间乃至种内的遗传信息，在系统进化和分类研究方面有较高的适用性，已被广泛地应用于动物类群的系统发育和起源进化研究中。

除了 Cyt b 基因外，线粒体上的 COX1 和 ND4 基因也经常被用于种属鉴定。陈建兴等通过比对在 GenBank 中提交的马属动物线粒体 DNA 序列，检测单核苷酸突变（SNP）位点，并对检测到的单核苷酸突变进行系统发育分析。结果显示线粒体 COX1、Cyt b 和 ND4 基因存在丰富的遗传变异，能够揭示出现存马属动物间的亲缘关系。2003 年，曹丽荣等从 Cyt b 基因全序列差异分析了岩羊和矮岩羊的系统进化关系，推测矮岩羊与岩羊之间的差异可能已经达到了亚种的水平[39]。

1.3.3.2　微卫星遗传标记

微卫星（microsatellite）标记是短的串联重复序列（short tandem repeats，STR）标记，以 2～6 个核苷酸为基本重复单位，其长度一般在 200bp 以内，在常染色体和 Y 染色体上均有分布。微卫星具有数量多、分布广泛、突变速率快、多态性高的特点，不仅可以反映不同个体之间的遗传相似度，还可以通过基因频率反映群体之间的遗传相似度，因此其在畜禽遗传多样性评估、品种资源分类、保存和利用等方面发挥着重要作用。

联合国粮农组织 FAO 已将微卫星作为优先推荐的分析工具，并制定了家畜品种之间遗传距离测定的全球方案，国际动物遗传学会 ISAG 也向全球同行提供牛、猪、鸡等物种的微卫星引物、对照 DNA 样品和"参照基因型"以便使畜禽遗传多样性的研究结果具有全球通用性和可比性。王月月等分析了猪、马、牛、山羊、绵羊、鸡和犬 7 种家养动物全基因组微卫星序列，发现物种间的微卫星分布存在差异，但也存在一定的保守性，且物种间亲缘关系越近，微卫星的分布也越相似[40]。

1.3.3.3　Y 染色体遗传标记

线粒体 DNA 序列的分析只能揭示母系方面的遗传信息，不能检测雄性介导的基因流。要揭示家畜的父系起源，需要进行 Y 染色体分析，因为 Y 染色体仅存在于精子中，为精子的重要特征之一。Y 染色体携带性别决定因子 SRY，携带 Y 染色体的个体为雄性，即 Y 染色体只能由父亲传递给儿子，呈现父系遗传。

在 Y 染色体两端，约占整个染色体的 5% 部分，称为"常染色体区"（pseudoautosomal region，PAR），在减数分裂时，X 和 Y 染色体配对并发生重组。Y 染色体上其他 95% 部分为"非重组区"（non-recombining portion of Y chromosome，NRY），不发生重组，而是以单倍体形式由父传给子。因而，Y 染色体上所积累的突变可用于研究雄性的遗传学历史。

Y 染色体标记主要有两种：Y 染色体 SNP 标记（Single Nucleotide Polymorphism，SNP）和 STR 标记（Short Tandem Repeat，STR）。SNP 标记称为

单核苷酸多态性标记，是生物体基因组中存在最广泛的一类变异，它是由碱基置换、缺失或插入等单碱基突变所造成的位点多态性。SNP 遗传稳定，突变率低，每个核苷酸的突变率为 10^{-9}，即每一个核苷酸在任何一代群体中的每 6×10^9 个个体中就会发生一次突变。Y 染色体非重组区单核苷酸多态性被认为是进化过程中在基因组的特定位点只发生一次的事件，这类多态性标记突变率低且能够稳定遗传，对久远事件记录精确，是目前公认的研究早期雄性起源进化和迁移的最理想工具。

目前，科学家已经获得了世界主要家养动物的 Y 染色体，并分析了其遗传多态性，几乎所有家养动物 Y 染色体的多态性都很低，表明人类在驯养过程中的具有强烈的性别选择偏好，仅保留少数雄性以及数量极大的雌性个体来构建种群。哥德斯托姆（Gotherstrom）通过 Y 染色体上的 5 个 Y-SNP 标记（DBY1，DBY7，UTY19，ZFY4，ZFY5）在普通牛中识别出两个单倍型 Y1 和 Y2，在瘤牛中识别出一个单倍型 Y3[41]。Waki 等基于 SRY 3′-UTR 上的 4 个多态位点对全世界山羊的父系群体遗传结构进行了分析，发现了四种不同的单倍型（Y1A，Y1B，Y2A，Y2B），亚洲群体主要以 Y1A（62%）和 Y2B（30%）为主（图1.9）[42]。

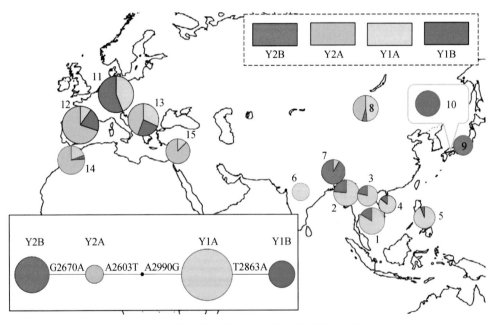

图 1.9 山羊 Y 染色体四种单倍型类群的分布[42]

1.3.3.4　全基因组研究

尽管我们可以从线粒体母系及 Y 染色体父系的角度来追溯群体的驯化与迁徙历史，但是，由于他们只能提供有限的多态性信息，很难揭示驯化过程中的基因流事件。

细胞核中的常染色体一部分来自母系祖先，一部分来自父系祖先，反映了生物整个核基因组的多样性，有助于揭示家畜驯化过程中人类的人工选择作用对家畜遗传分化的影响。

近年，随着二代测序技术和生物信息学的飞速发展，自 1998 年模式动物线虫基因组测序完成以来，动物基因组测序完成的已超过 200 个，植物基因组测序完成的超过 100 多种。目前，主要家畜如猪、马、牛、绵羊、山羊、狗等的高质量参考基因组都已陆续被测定。一个物种基因组图谱的绘制完成，标志着可以从基因组水平对该物种的生长、发育、进化、起源等问题进行研究，从而推动对基础生物学、分子育种、遗传基因改良等方面的研究，对珍稀动植物的保护和优异种质资源品种也具有重要意义。

全基因组分析的主要优势在于根据全基因组变异信息（单核苷酸多态性 SNP、插入和缺失 Indel 和拷贝数变异 CNV）可以清晰地揭示家养动物进化、驯化、适应性机制，群体种群遗传结构和历史动态变化以及与驯化相关的重要经济性状候选基因，例如毛色、体型、繁殖性状、产奶性状的筛选过程。

1.4　家养动物的古 DNA 研究

考古学能够提供家养动物驯化的直接证据，而遗传学可为一些争论性的考古学理论提供依据，或揭示家畜物种和它们多样性的可能的新地理起源，两者的结合使我们对许多家养动物起源和驯化历史有了初步的认识，例如对线粒体 DNA 的研究显示，在现代猪[43, 44]、黄牛[45, 46]、绵羊[47, 48]以及山羊[49, 50]等中都发现多个不同的世系，一些世系呈现明显的地理分布特征，且分歧时间远远大于驯化时间，暗示家养动物可能在多个地区被独立驯化。但是，几千年的自然和人为选择、遗传漂移、近亲育种和杂交育种造成现代群体遗传结构不同于历史群体遗传结构。最好的策略是利用古 DNA 技术从时间跨度上研究家养动物群体历史变化，通过分析不同时期、不同地点家养动物群体的遗传结构变化规律，重建古代动物谱系演变的时空框架，能够准确地反映家养动物起源与驯化过程及其与现代群体的亲缘关系。

数千年来，现代家养动物的繁育受到长期的人工选择干预，与外来引进品种之间存在大量杂交和基因交流，造成现代群体遗传结构不同于历史群体遗传结构，所得到的数据不足以准确地反映家畜遗传结构的变化过程，而这一过程恰恰反映了家畜的驯化以及遗传多样性的形成过程。古 DNA 研究的优势在于不受形态学鉴定的限制，通过重建家养动物过去的遗传结构，直接从分子层面上揭示家养动物起源与驯化过程，摆脱了"时间陷阱"的束缚，通过分析家畜遗传结构动态变化规律，重建古代动物谱系演变的时空框架，能够准确地揭示其母系的形成过程及其与现代群体的亲缘关系，复原中国家畜品种起源与遗传分化的历史。

1.4.1　古 DNA 的定义和特点

古 DNA 是指残存在古代生物遗骸（如化石、亚化石、博物馆收藏标本、考古学与法医学标本等）中的遗传物质：脱氧核糖核酸。古代 DNA 研究的资源非常丰富，大致可以分为三类：软组织、硬组织和化石。软组织指人或动物古尸的肌肉、皮肤、脑、内脏等，只有在特殊或罕见的情况下，这些软组织才能以较好的状况保存下来。硬组织指骨、牙齿等，这些材料来源广泛，种类和数量较多，是古代 DNA 研究的更常见的材料。化石年代久远，种类繁多，但是，在现有技术条件下，绝大多数化石还不能成为古代 DNA 研究的材料。也存在极少数在极罕见、极偶然的情况下保存状况特别好的所谓"化石"，如琥珀[51]。

经历地下长时间的埋藏，古 DNA 受到严重降解和损伤，古 DNA 一般降解为 50 ~ 200bp 的片段。古 DNA 的降解速度与许多因素有关，如温度、湿度、pH 和离子强度等。已有的大部分成功提取出 DNA 的古代材料均保存在特殊的环境像沙漠、冻土或沼泽中，而且不同组织对 DNA 保存的完好程度也不同。一般来说，古 DNA 在骨骼和牙齿中比在软组织中的保存要好些。生物死亡之后，由于自身的修复机制停止作用，DNA 在内源核酸酶和环境的共同作用下，受到水解和氧化作用等所带来的严重的化学和物理损伤。因此，古 DNA 的含量极低，Handt 等研究表明在保存状态较好的情况下，每毫克古代样品中约含 2000 个长约 100bp 的线粒体 DNA 分子，比新鲜组织中的含量少六个数量级以上，而保存状态一般的样品中，古 DNA 的含量更低，仅为每毫克组织 10 ~ 40 个分子[52, 53]。

1.4.2　古 DNA 研究历史与现状

DNA 是遗传信息的载体，它所携带的遗传信息是人们的研究焦点，然而人们一直认为有机体死亡后 DNA 会很快降解，它所携带的遗传信息已就随之消失殆尽，并没有什么价值。但是经过人们不断地艰难探索，古 DNA 的研究露出了一线曙光。

1980 年，我国湖南医学院的专家们发表了有关约 2000 年前长沙马王堆汉代女尸的古 DNA 和古 RNA 的研究成果，这是最早的 DNA 提取研究，其开创性的研究得到世界的公认[54]。

1984 年，美国加利福尼亚大学伯克利分校的 Higuchi 等成功地从博物馆保存的已绝灭 140 年的类似于斑马的四足动物斑驴（Quagga）的风干肌肉上提取出 DNA，克隆并测序了两个线粒体 DNA[55]。通过其与马、驴和斑马的相关 mtDNA 序列的比较，得出结论：斑驴与斑马的亲缘关系最近，而与马或驴的亲缘关系较远。当这篇文章在《自然》（Nature）上发表后引起极大的轰动。随后，Paabo 在 1985 年从埃及木乃伊中也成功地克隆出了人类古 DNA[56]。这些结果清晰的表明 DNA 分子的片段可以在有机体死亡之后的很长一段时间内保存。更为重要的是这些实验结果表明，通过对古代 DNA 的研究，灭绝物种与其近亲的亲缘关系可以在分子水平上重新构建，从此掀起了古 DNA 研究的热潮。

但由于生物机体的变质降解以及在漫长的地质年代中古 DNA 被严重地损伤和修饰，这样就给古 DNA 的研究带来许多困难。因而早期的古 DNA 研究主要集中在 DNA 的提取过程，其目的仅仅是为了证明在远古的生物遗骸中能够提取出 DNA 并用于科学研究。

随着 1986 年美国化学 Mullis 及其合作伙伴发现并创立了划时代的 PCR 技术（Polymerase Chain Reaction，聚合酶链式反应），古 DNA 迎来了一次划时代的革命，PCR 技术能够灵敏、高效、特异性扩增上百万的目的 DNA 片段，使古代材料中微量的 DNA 在很短的时间内扩增出大量的古 DNA 成为现实，极大地推动了古 DNA 的研究。Paabo 意识到 PCR 技术所带来的革命率先把该技术已入到古 DNA 研究中，从此古 DNA 的研究迅速发展，大批考古学家、分子生物学家、古人类学家投身到古 DNA 的研究当中，取得了举世瞩目的研究成果[56]。

1992 年 Soltis 等人首次从中新世湖泊沉积物的植物叶片中获得 DNA 加以分析获得成功[57]。人们开始探索研究恐龙等早已灭绝的生物化石的 DNA，以及琥珀化石中的 DNA，使古 DNA 的来源从一些软组织扩大到了化石，大大丰富了古 DNA 的来源，从而掀起了研究古 DNA 的高潮[58~60]。与此同时，古 DNA 的真实性开始受到关注。在对古 DNA 研究的早期阶段成果进行重新分析验证过程中，科学家发现很多发表在著名学术期刊，如《自然》和《科学》（Science）上的研究后来证明多是由于现代 DNA 污染的结果，因为这些涉及几百万乃至上亿年前的 DNA 研究要么经不起其他实验室的重复实验，要么经不起对扩增的 DNA 序列的再分析，著名的例子有所谓六七千万年前的恐龙 DNA 研究和上亿年前的琥珀中昆虫 DNA 研究。

1997 年，慕尼黑大学的 Matthias Krings 等对最早发现的尼安德特人化石之一，即 1856 年发现于德国杜塞尔多夫尼安德特河谷尼人的肱骨采样（图 1.10），

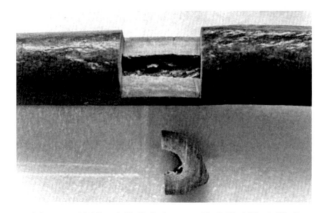

图 1.10　首例尼安德特人古 DNA 的肱骨采样照片[63]

从中成功地提取了 50 个线粒体 DNA 分子片段作为模板，加以扩增，并与 1600 个现代全球各地各种族人的线粒体 DNA 控制区的 379bp 序列进行对比，结果表明，尼人只是现代人的旁系远亲而非直系祖先[61]。在本项实验中，Matthias Krings 和美国宾夕法尼亚大学的 Anne Stone 分别在德国和美国的实验室重复了上述实验，并得到了相同的核苷酸序列，此外氨基酸外消旋实验也表明该尼人化石保存良好，降解不严重，其线粒体 DNA 是可能保存下来的。

　　因此 Krings 等的实验结果引起学术界高度重视，并被美国《自然》杂志评为 1997 年的十大发现之一。此项研究的意义在于研究证明了通过严谨的实验操作能够保证古 DNA 结果的真实性和可靠性。因此，许多科学家开始呼吁建立和实施严格的研究和实验标准，2000 年 Cooper 和 Poinar 提出了确保古 DNA 研究的真实性的 9 条标准[62]。

　　随着古 DNA 的频频报道以及对其真实性的证明，有越来越多的科学家认识到了古 DNA 的重要意义，纷纷加入古 DNA 的研究行列，并将古 DNA 研究与其他领域相结合，形成了许多方向，如人类的起源与进化，模拟人类迁移路线，墓葬个体间亲缘关系、墓葬群体关系（族属）研究，人类遗存的性别鉴定、病理与饮食研究，动植物的家养和驯化过程研究。

　　古 DNA 能够提供古代生物与现代生物之间世系发育关系的直接证据，通过重建家养动物的遗传结构和变异，可以从分子水平上追踪进化的轨迹，因而被广泛地应用于中国猪[61, 63]、马[64]、牛[65]、羊[66]等家畜的起源与进化研究中，并已取得了很大的成功。

注　释

［ 1 ］安睿. 浅析野生动物经驯化作为家畜驯养繁殖的利和弊［J］. 野生动物，2005，6（1）：11-12.

［ 2 ］袁靖，黄蕴平，杨梦菲，等. 公元前 2500 年～公元前 1500 年中原地区动物考古学研究——以陶寺、王城岗、新砦和二里头遗址为例［C］. 科技考古（第二辑）. 北京：科学出版社，2007.

［ 3 ］王旭东，孟庆龙. 世界瘟疫史：疫病流行、应对措施及其对人类社会的影响［M］. 北京：中国社会科学出版社，2005：36-44.

［ 4 ］李晶，张亚平. 家养动物的起源与驯化研究进展［J］. 生物多样性，2009（4）：319-329.

［ 5 ］Diamond J. Evolution, consequences and future of plant and animal domestication［J］. Nature, 2002, 148: 700-707.

［ 6 ］Zeder M A. Domestication and early agriculture in the Mediterranean Basin: Origins, diffusion, and impact［J］. Proceedings of the National Academy of Sciences, 2008, 105 (33): 11597.

［ 7 ］Fernández H, Hughes S, Vigne J, et al. Divergent mtDNA lineages of goats in an early Neolithic Site, far from the initial domestication areas［J］. Proceedings of the National Academy of Sciences of the United States of America, 2006, 103 (42): 15375-15379.

［ 8 ］袁靖. 公元前 3000 年至公元前 1500 年中西文化交流的考古学研究及思考［J］. 民主与科学，2018（1）：15-18.

［ 9 ］Warmuth V M, Campana M G, Eriksson A, et al. Ancient trade routes shaped the genetic structure of horses in eastern Eurasia［J］. Mol Ecol, 2013, 22 (21): 5340-5351.

［10］袁靖. 中国新石器时代家畜起源的几个问题［J］. 农业考古，2001（3）：26-28.

［11］袁靖. 中国古代家猪的鉴定标准［M］. 北京：文物出版社，2009：54-62.

［12］袁靖. 动物考古学研究的新发现与新进展［J］. 考古，2004（7）：54-59.

［13］Cucchi T, Hulme-Beaman A, Yuan J, et al. Early Neolithic pig domestication at Jiahu, Henan Province, China: clues from molar shape analyses using geometric morphometric approaches［J］. Journal of Archaeological Science, 2011, 38 (1): 11-22.

［14］Eisenmann V. Sussemionus, a new subgenus of Equus (Perissodactyla, Mammalia)［J］. C R Biol, 2010, 333 (3): 235-240.

［15］汤卓炜，郭治中，索秀芬. 白音长汗遗址出土的动物遗存［C］. 白音长汗. 北京：科学出版社，2004.

［16］Cucchi T. Correction: social complexification and pig (sus scrofa) husbandry in Ancient China: a combined geometric morphometric and isotopic approach［J］. PLoS One, 2016, 11 (8): e162134.

［17］李志鹏.晚商都城羊的消费利用与供应——殷墟出土羊骨的动物考古学研究［J］.考古，2011（7）：76-87.

［18］博凯龄.中国新石器时代晚期动物利用的变化个案探究——山西省龙山时代晚期陶寺遗址的动物研究［C］.三代考古（四）.北京：科学出版社，2011.

［19］戴玲玲，李志鹏，胡耀武，等.新砦遗址出土羊的死亡年龄及畜产品开发策略［J］.考古，2014（1）：94-103.

［20］刘亚兰，张华，冯永.神经嵴发育异常导致综合征型耳聋的机制［J］.遗传，2014，36（11）：1131-1144.

［21］Librado P, Gamba C, Gaunitz C, et al. Ancient genomic changes associated with domestication of the horse［J］. Science, 2017, 356 (6336): 442-445.

［22］凯斯·道伯涅，安波托·奥巴莱拉，皮特·罗莱－康威，等.家猪起源研究的新视角［J］.考古，2006（11）：74-80.

［23］Vilà C, Leonard J A, Gotherstrom A, et al. Widespread origins of domestic horse lineages［J］. Science, 2001, 291 (5503): 474-477.

［24］Jansen T, Forster P, Levine M A, et al. Mitochondrial DNA and the origins of the domestic horse［J］. Proceedings of the National Academy of Sciences of the United States of America, 2002, 99 (16): 10905-10910.

［25］Lindgren G, Backström N, Swinburne J, et al. Limited number of patrilines in horse domestication［J］. Nature Genetics, 2004, 36 (4): 335-336.

［26］Lippold S, Knapp M, Kuznetsova T, et al. Discovery of lost diversity of paternal horse lineages using ancient DNA［J］. Nature Communications, 2011, 2 (1).

［27］Wutke S, Sandoval-Castellanos E, Benecke N, et al. Decline of genetic diversity in ancient domestic stallions in Europe［J］. Science advances, 2018, 4 (4): 9691.

［28］管理，胡耀武，汤卓炜，等.通化万发拨子遗址猪骨的 C，N 稳定同位素分析［J］.科学通报，2007（14）：1678-1680.

［29］管理，胡耀武，王昌燧，等.食谱分析方法在家猪起源研究中的应用［J］.南方文物，2011（4）：116-124.

［30］胡耀武，栾丰实，王守功，等.利用 C，N 稳定同位素分析法鉴别家猪与野猪的初步尝试［J］.中国科学（D 辑：地球科学），2008（6）：693-700.

［31］周杉杉.浙江省余姚田螺山遗址水牛驯化可能性的初步研究［D］.浙江大学，2017.

［32］陈相龙，吕鹏，金英熙，等.从渔猎采集到食物生产：大连广鹿岛小珠山遗址动物驯养的稳定同位素记录［J］.南方文物，2017（1）：142-149.

［33］陈相龙，于建军，尤悦.碳、氮稳定同位素所见新疆喀拉苏墓地的葬马习俗［J］.西域研究，2017（4）：89-98.

［34］陈相龙，李悦，刘欢，等.陕西淳化枣树沟脑遗址马坑内马骨的 C 和 N 稳定同位素分析［J］.南方文物，2014（1）：82-85.

［35］虞蔚岩，王小平．驯化对动物行为的影响［J］．南京师范专科学校学报，1998（4）：39-42.

［36］陈善元，张亚平．家养动物起源研究的遗传学方法及其应用［J］．科学通报，2006（21）：2469-2475.

［37］Sultana S, Mannen H. Polymorphism and evolutionary profile of mitochondrial DNA control region inferred from the sequences of Pakistani goats［J］. Animal Science Journal, 2004, 75 (4): 303-309.

［38］Gurney S M, Schneider S, Pflugradt R, et al. Developing equine mtDNA profiling for forensic application［J］. Int J Legal Med, 2010, 124 (6): 617-622.

［39］曹丽荣，王小明，方盛国．从细胞色素 b 基因全序列差异分析岩羊和矮岩羊的系统进化关系［J］．动物学报，2003（2）：198-204.

［40］王月月，刘雪雪，董坤哲，等．7 种家养动物全基因组微卫星分布的差异研究［J］．中国畜牧兽医，2015，42（9）：2418-2426.

［41］Gotherstrom A, Anderung C, Hellborg L, et al. Cattle domestication in the Near East was followed by hybridization with aurochs bulls in Europe［J］. Proc Biol Sci, 2005, 272 (1579): 2345-2350.

［42］Waki A, Sasazaki S, Kobayashi E, et al. Paternal phylogeography and genetic diversity of East Asian goats［J］. Anim Genet, 2015, 46 (3): 337-339.

［43］Larson G, Dobney K, Albarella U, et al. Worldwide phylogeography of wild boar reveals multiple centers of pig domestication［J］. Science, 2005, 307 (5715): 1618-1621.

［44］Larson G, Liu R, Zhao X, et al. Patterns of East Asian pig domestication, migration, and turnover revealed by modern and ancient DNA［J］. Proc Natl Acad Sci USA, 2010, 107 (17): 7686-7691.

［45］Troy C S, Machugh D E, Bailey J F, et al. Genetic evidence for Near-Eastern origins of European cattle［J］. Nature, 2001, 410 (6832): 1088-1091.

［46］Hanotte O, Bradley D G, Ochieng J W, et al. African pastoralism: genetic imprints of origins and migrations［J］. Science, 2002, 296 (5566): 336-339.

［47］Pedrosa S, Uzun M, Arranz J J, et al. Evidence of three maternal lineages in near eastern sheep supporting multiple domestication events［J］. Proceedings of the Royal Society B: Biological Sciences, 2005, 272 (1577): 2211-2217.

［48］Meadows J R S, Cemal I, Karaca O, et al. Five ovine mitochondrial lineages identified from sheep breeds of the Near East［J］. Genetics, 2006, 175 (3): 1371-1379.

［49］Colli L, Lancioni H, Cardinali I, et al. Whole mitochondrial genomes unveil the impact of domestication on goat matrilineal variability［J］. BMC Genomics, 2015, 16 (1).

［50］Luikart G, Gielly L, Excoffier L, et al. Multiple maternal origins and weak phylogeographic structure in domestic goats [J]. Proc Natl Acad Sci USA, 2001, 98 (10): 5927-5932.

[51] 蔡胜和，杨焕明. 方兴未艾的古代 DNA 的研究 [J]. 遗传，2000（1）：41-46.

[52] Handt O, Krings M, Ward R H, et al. The retrieval of ancient human DNA sequences [J]. Am J Hum Genet, 1996, 59 (2): 368-376.

[53] Handt O, Richards M, Trommsdorff M, et al. Molecular genetic analyses of the Tyrolean Ice Man [J]. Science, 1994, 264 (5166): 1775-1778.

[54] 王贵海，陆传宗. 长沙汉墓女尸肝脏中核酸的分离与鉴定 [J]. 生物化学与生物物理进展，1981，39：70-75.

[55] Higuchi R, Bowman B, Freiberger M, et al. DNA sequences from the quagga, an extinct member of the horse family [J]. Nature, 1984, 312 (5991): 282-284.

[56] Paabo S. Molecular cloning of Ancient Egyptian mummy DNA [J]. Nature, 1985, 314 (6012): 644-645.

[57] Soltis P S, Soltis D E, Smiley C J. An rbcL sequence from a Miocene Taxodium (bald cypress) [J]. Proc Natl Acad Sci USA, 1992, 89 (1): 449-451.

[58] Cano R J, Poinar H N, Pieniazek N J, et al. Amplification and sequencing of DNA from a 120-135-million-year-old weevil [J]. Nature, 1993, 363 (6429): 536-538.

[59] Cano R J, Borucki M K. Revival and identification of bacterial spores in 25- to 40-million-year-old Dominican amber [J]. Science, 1995, 268 (5213): 1060-1064.

[60] Desalle R, Gatesy J, Wheeler W, et al. DNA sequences from a fossil termite in Oligo-Miocene amber and their phylogenetic implications [J]. Science, 1992, 257 (5078): 1933-1936.

[61] Krings M, Stone A, Schmitz R W, et al. Neandertal DNA sequences and the origin of modern humans [J]. Cell, 1997, 90 (1): 19-30.

[62] Cooper A, Poinar H N. Ancient DNA: do it right or not at all [J]. Science, 2000, 289 (5482): 1139.

[63] 王志，向海，袁靖，等. 利用古代 DNA 信息研究黄河流域家猪的起源驯化 [J]. 科学通报，2012，57（12）：1011-1018.

[64] Cai D, Tang Z, Han L, et al. Ancient DNA provides new insights into the origin of the Chinese domestic horse [J]. Journal of Archaeological Science, 2009, 36 (3): 835-842.

[65] Cai D, Sun Y, Tang Z, et al. The origins of Chinese domestic cattle as revealed by ancient DNA analysis [J]. Journal of Archaeological Science, 2014, 41: 423-434.

[66] Cai D, Tang Z, Yu H, et al. Early history of Chinese domestic sheep indicated by ancient DNA analysis of Bronze Age individuals [J]. Journal of Archaeological Science, 2011, 38 (4): 896-902.

第 2 章　家马起源的研究进展

2.1　家马起源的考古学研究

马（horse, *Equus caballus*），属于哺乳纲（Mammalia）、奇蹄目（Perissodactyla）、马科（Equidae）真马属［*Equus*（genus）］草食性动物。自 5500 万年前身材矮小的始祖马（Hyracotherium）出现在北美以来，马科动物家族（Family Equidae）经历了漫长的演化过程，随着环境的变化，其体型逐渐变大，出现高冠齿和单趾，距今 390 万年前在北美进化为真马属，并于 250 万年前的气候转寒事件中通过白令海峡扩散到欧亚大陆[1]。真马属在欧亚大陆经历了快速辐射进化，在中国境内就发现了 12 个真马有效种，根据颊齿特征分为三个主要类型 stenonid, caballoid 和 hemione[2]。但经历了百万年的漫长演化，目前仅存马、驴和斑马等三个亚属（图 2.1）。作为唯一被驯化的马属动物，马在人类发展史上留下了浓墨重彩的一笔。

作为重要的家畜，马被认为是草原游牧文化的象征，马的驯化是欧亚草原游牧文明兴起、繁荣的关键，影响着人类社会发展的进程，这是其他家养动物所没有的。马不仅为人类提供肉、奶等蛋白性食物，而且极大地提高了人类的运输和战争能力，同时随着骑马民族的扩张活动导致人类的迁徙、种族的融合、语言和文化的传播以及古老社会的崩溃。

多年来，马的遗骸在欧亚大陆、西伯利亚草原地带公元前 4000 年以来的考古遗址中出土得越来越多，这些发现暗示了马的首次驯化的时间和地点。从考古材料上看，两个铜石并用时代遗址，即乌克兰草原的德雷夫卡遗址（Dereivka, 公元前 4300～前 3900 年）和哈萨克斯坦草原的波太遗址（Botai, 公元前 3500～前 3000 年）最为重要（图 2.2）。在这两个遗址中都发现了大量的马骨遗骸，被认为与马的驯养起始有关，但对于这些马是否被驯化至今仍有争议。

Bokonyi 认为德雷夫卡遗址日益增多的马骨遗骸是马被驯化的重要证据[5]。Anthony 认为这两个遗址出土的古代马都经历了驯化，马的驯养和骑马术至迟在公元前 3500～前 3000 年已出现在欧亚草原[6, 7]。然而，Levine 指出如果该遗址发现的完整头骨是出于宗教礼仪目的而放置在那里的，那么很可能马已经在人类社会中扮演着重要的角色，可能已经被驯化了，或者至少偶尔被驯服了。但是

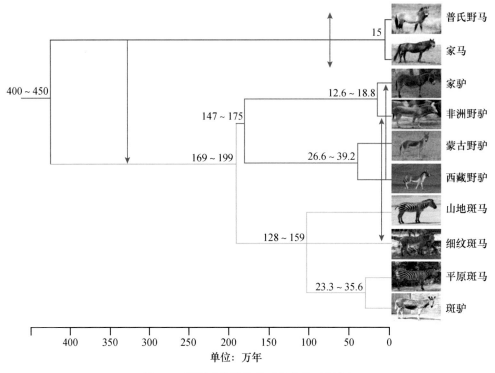

图 2.1　马属动物进化关系及分化时间[3]

（数字代表分化年代置信区间，带箭头的线条代表两个物种之间有基因交流，箭头方向代表基因流流向）

通过牙齿年龄分析，以及基于民族学、行为学和考古学资料构建的群体模型分析表明这两个遗址出土的古代马具有明显被猎捕动物的特征，暗示它们仅仅是大量狩猎的肉食对象[4,8]。贝内克等通过动物考古研究认为，尽管波太遗址出土的马属于野马，但并不排除当时有骑马术出现的可能，波太人有可能是骑马的猎马者[9]。这些争论从一个侧面反映出现有的材料和研究还不足以说明最早的家马驯化始于何时，传统的研究方法（人口结构、骨骼测量分析、马牙磨损微痕、马古病理学等）还不能得出令人信服的结论。通过对马骨形态分析，考古学家发现距今 2500 年以来，欧亚草原的马骨形态变异逐渐增多，而尺寸在逐渐变小。形态变异性增多被认为反映了人的照顾下大的和小的个体都幸存下来，这种现象并不会出现在野生马中。而马骨的尺寸大小平均下降，这被认为反映了人类的圈养和饮食限制。这种骨骼变化组合显示出马群可能是家养的。越来越多的证据表明，马在公元前约 2500 年日益受到人类的控制。然而，最近在哈萨克斯坦发现的马骨遗骸显示出更小、更加细长的四肢特征，时间甚至可以追溯到公元前3500 年。近年来，在哈萨克斯坦北部距今 5500 年的波太遗址发现了家马驯化的痕迹，科学家在出土的陶片上探测出马奶脂肪酸的有机物残留物，表明波太古代

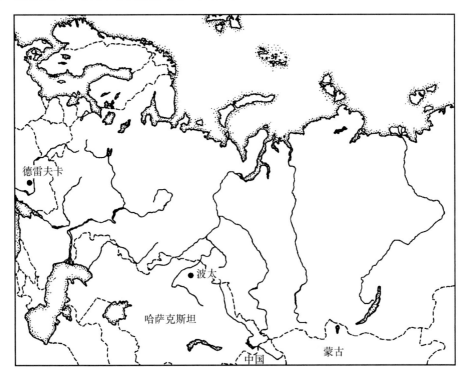

图 2.2　德雷夫卡和波太遗址地理位置[4]

居民已经开始驯化和管理马匹了[10]。

在中国，家马和马车是在距今约 3000 年前的商代晚期突然大量出现的，在河南安阳殷墟、陕西西安老牛坡、山东滕州前掌大等商代晚期的遗址中，发现了很多用于殉葬和祭祀的马坑和车马坑，在墓室中也出现了马骨。虽然在连接中国北部、西部和中亚草原的考古发现上存在许多缺环，但是就目前的考古材料看，晚商之前有关马的考古材料非常少，在上千处新石器时代和早期青铜时代的遗址中，仅有西安半坡、河南汤阴白营、山东章丘城子崖遗址、华县南沙村等少数几个地点有出土马骨的记载，而且都是零星的牙齿和碎骨。袁靖先生曾经统计过旧石器时代至商代中国出土的马骨遗址，旧石器时代发现马骨化石的地点主要在中国北方地区，以野生的普氏野马为主；新石器时代发现马骨的遗址主要在西北地区；到了商代中原地区开始大量出现马匹[11]。

铁元神进一步统计了甘青地区出土马骨的遗址（表 2.1），总体上看，都是零星的马骨碎片，是否被驯化并不清楚[12]。近年来，考古工作者在新疆温泉阿敦乔鲁遗址[13]、呼斯塔遗址[14]以及尼勒克吉仁台遗址[15]等遗址陆续发现了距今 3600 年左右的马骨遗骸，表明新疆地区也是家马引入中国的一个重要通道或者地区。

表 2.1　甘青地区新石器时代马骨遗存分布概况表[12]

遗址名称	遗骸内容	出土单位	马骨遗存所属文化	距今年代（公元前）
青海民和胡李家遗址	零碎马骨（具体部位不详）	灰坑	仰韶文化（庙底沟期）	5999～5523
甘肃礼县西山遗址	4处零碎马骨（具体部位不详）	灰坑	仰韶文化（庙底沟期）	5999～5523
甘肃泰安大地湾遗址	1段左侧股骨	文化层（T704③：46）	仰韶文化（庙底沟期）	5999～5523
甘肃武山傅家遗址	1枚马牙	灰坑	马家窑文化（马家窑期）	5369～4882
甘肃天水师赵村遗址	1枚上前白齿	文化层（T208②）	马家窑文化（马家窑期）	5369～4882
甘肃西山坪遗址	2枚上前白齿	文化层（T26③、T4③）	马家窑文化（马家窑期）	5369～4882
甘肃大李家坪遗址	右侧桡骨	文化层	马家窑文化（马家窑期）	5369～4882
青海民和核桃庄遗址	1颗马头骨	墓葬（采集）	马家窑文化（马厂期）	4453～4032
甘肃永靖马家湾遗址	零碎马骨（具体部位不详）	文化层	马家窑文化（马厂期）	4453～4032
宁夏林子梁遗址	1枚下颌白齿、2个蹄子	灰坑（HCL1）	相当于马家窑文化半山期	4500～4300

　　早期驯化阶段的缺失和商代晚期家马的"突然"出现，使中国家马的起源引起了广泛的争论。目前关于中国家马的起源有两种不同的观点，一种观点认为，马和马车是从黑海和里海之间的中亚草原地带传入中国的，中国西北的甘青地区有可能是中亚家马进入中原地区的一个驿站[16]。另一个观点认为，尽管中亚和西亚地区考古发现的家马较早，但中国内地的家马不一定是从西方或北方传来的，言外之意，中国是一个独立的家马起源中心。王宜涛认为中国养马、驯马和用马的历史可以早到龙山文化时期[17]；斯坦利·J. 奥尔森指出在新石器时代末的龙山文化中出现了已家畜化的马[18]；吉崎昌一认为至迟在新石器时代（公元前9000～前6000年），中国人已由容易地支配、驯服马到驯养马[19]；王志俊和宋澎认为中国北方驯养马的实践受气候条件和纬度影响，估计从夏末开始驯养马，至商代早期完成驯养，至商代晚期已能大量繁殖马和使用马为人类服务[20]。

　　关于中国家马的祖先问题，张春生认为中国旧石器时代遗址中有着丰富的野生马骨遗骸，在动物学上虽然分属三趾马、三门马、北京马、云南马、普氏野马等不同属种，但其中必定有中国家马的祖先[21]。邓涛认为中国早期的家马源自普氏野马，西周车马坑和商代墓葬的马类骨骼以及秦始皇兵马俑的战马造型都表明中国早期的家马与普氏野马非常相似[22]。头骨在马属的系统演化中具有非常重要的意义，通过对矮马头骨测量分析，邓涛指出中国西南地区出产的矮马就是在特殊环境下继承了普氏野马矮化突变基因的后代[22]。王铁权从普氏野马矮性突变基因的历史继承，产地交通环境以及正常马种杂交机会减少等方面论述了中国矮马的成因[23]。

2.2　家马起源的遗传学研究

2.2.1　国外的线粒体 DNA 研究

马的驯化是来自一个野生种群还是多个野生种群，这一问题对于史前的考古学很重要，因为马的驯化是欧亚草原文明开发的核心，同时也是印欧语系扩散传播的关键。解决这个问题的一个有效途径是重建野生种群过去的遗传变异。如果现代家马群体显示出的全部变异大于预期的单一野生种群，那么马一定是从多个群体进化而来的。但是，困难在于如何估计野生马群的遗传多态性。

线粒体 DNA 具有母系遗传、无重组、进化速率快等特点被广泛应用于家畜起源研究，是鉴别野生祖先、母系数量及其地理起源的强有力工具。马的线粒体 DNA 序列最早是 1994 年由 Xu 和 Arnason 测得，长度为 16600bp，然而这个长度并不是绝对的，因为不同个体的控制区域中 motif GTGCACCT 的数目不同，从而导致了显著的异质性[24]。目前，马的线粒体 DNA 参考序列编号为：NC_001640.1（下载地址：https://www.ncbi.nlm.nih.gov/nuccore/NC_001640.1）。

由于测序技术的限制早期的研究主要局限与线粒体控制区（D-loop 区）研究。1998 年 Lister 等人对古代和现代家马的线粒体 DNA 多样性进行了研究，认为现代家马的线粒体 DNA 多样性程度反映了不同地区野生群体的输入，而且野生群体的独立驯化在世界上相隔较远的不同地域可能有较为紧密的联系。

2001 年 Vilà 等人从阿拉斯加永久冻土中保存年代为 12000 ～ 28000 年的野马残骸中提取出线粒体 DNA。与现代家马相比，阿拉斯加的样本相对是同源的：在 8 个样本中有 6 个聚集在一起。他们认为：假定野马种群的基因遗传程度是均一的，那么在现代家马中观察到的母系遗传的高度多样性暗示野马的驯化是来自多个野生种群[25]（图 2.3）。

Lister 和 Vilà 的研究成果发布后引起了人们的广泛关注，然而，这两个观点仍然存在一些问题，虽然 Vilà 对远古阿拉斯加马的线粒体 DNA 分析很重要，但是这些古代马是否是单一的马种群，它们距离可能的驯化中心有数千千米之遥，年代又比驯化的时间早 1 万年，在相关的时间和地点是一些典型的野马遗传基因

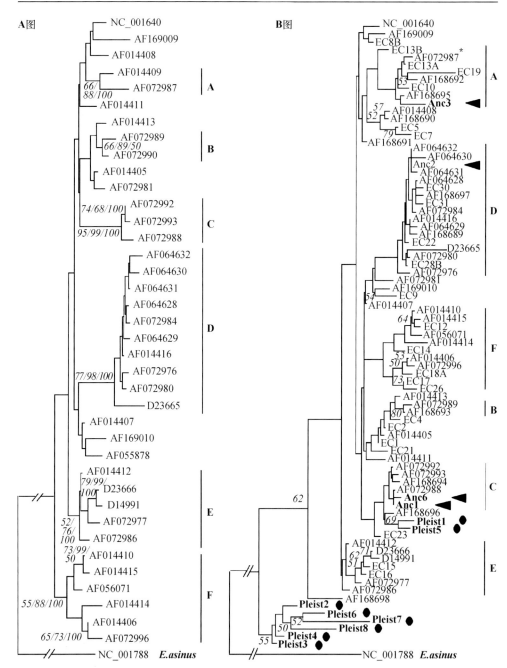

图 2.3　A 基于控制区 616bp 序列，B 基于控制区 355bp [25]

（●阿拉斯加史前野马；◀北欧古代马；* 普氏野马）

结构，考虑到最后的冰期结束于 11400 年前，可能已经隔离了野马种群而且减少了它们的线粒体 DNA 多样性。另一个问题是针对 Lister 等人的观点，地理上广泛分布的马，应该可能看到一个对应品种或地理分布区的线粒体 DNA 聚类，然而 Vilà 和 Lister 等人都没有观察到如此的聚类。

为了提供一个比较肯定的答案，Jansen 等对全球 652 匹马进行线粒体 DNA 分析，构建了一个中介网络。中介网络图显示了 19 个不同的现代家马线粒体 DNA 聚簇，这些聚簇可以被进一步纳入到 7 个线粒体 DNA 世系中（A—G；图 2.4；表 2.2）。其中一些聚簇对应品种或地理分布区，特别是聚簇 A2 只对应于普氏野马，聚簇 C1 和 E 对应于北欧小型马，聚簇 D1 则对应于伊比利亚和西北非的家马品种。考虑到线粒体 DNA 突变速率和考古学上驯化的时间范围至少需要成功地饲养 77 个不同品种的野生母马，才能形成现代马种群所拥有的基因多样性。因此他们得出结论：一些特殊的野马种群参与了马的驯化，野马的驯养可能发生在不同地点[26]。

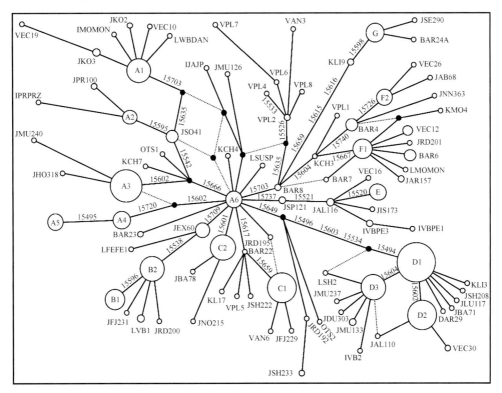

图 2.4 652 匹马的中介网络图[26]

表 2.2　线粒体世系和亚簇的分型位点[26]

世系 / 亚簇	分型位点
A1	495C 542T 602T 635T 666A 703C 720A
A2	495C 542T 602T 595G 666A 720A
A3	495C 666A 720A
A4	495C
A5	Reference mtDNA sequence X79547
A6	495C 602T 650G 720A
B1	495C 538G 596G 602T 709T 720A
B2	495C 538G 602T 709T 720A
C1	495C 602T 617C 659C 720A
C2	495C 601C 602T 720A
D1	494C 495C 496G 534T 602T 603C 649G
D2	494C 495C 496G 534T 602C 603C 649G 720A
D3	494C 495C 496G 534T 602T 603C 604A 649G 720A
E	495C 520G 521A 602T 720A 737C
F1	495C 602T 604A 667G 703C 720A
F2	495C 602T 604A 703C 720A 726A 740G
G	594C 598C 602T 615G 616G 659C 703C

　　McGahern 等分析了欧洲、中东和非洲、远东三个广大地区的 72 个家马群体，研究表明世系 F 是欧亚大陆东部马群的主要生物地理模式[27]。他们选择了欧亚大陆中部、东北部以及中国 7 个以前没有取过样的马群 118 匹马进行线粒体 DNA 测序，并结合 GenBank 上公开的序列，共 962 个序列进行分析，这些序列代表了来自欧洲（Europe，EUR）、中东和非洲（Middle East and Africa，MEA）、远东（FarEast，FE）三个广大地区的 72 个家马群体。首先进行中介网络分析，识别了两个先前没有发现的聚簇 A7 和 F3（图 2.5）；随后调查了 7 个世系在现代家马群体中的分布情况，发现世系 D 在欧洲马群中的分布频率最高达 35%，在 FE 和 MEA 中的频率分别为 15.5% 和 26.9%。与此相反的是，世系 F 在欧亚大陆东部马群中分布频率最高（16.8%FE；16.5%MEA），而世系 D 仅为 9.7%。将线粒体 DNA 序列按照东西方的地理分布分成两组（东方包括 FE 和 MEA 地区，西方指欧洲）进行了 AMOVA 分析，发现尽管两者之间的遗传差异仅占 2.71%，但是显著性水平很高（P=0.00782），暗示东部和西部的群体具有一定的地理分布。为了测试世系 F 与东部群体的一致性，应用 2×2 列联表，利用世系

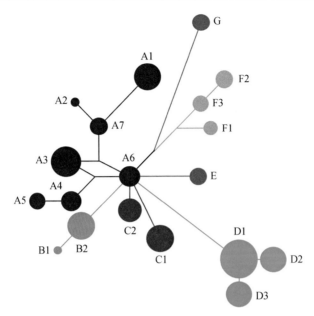

图 2.5　7 个家马 mtDNA 世系和 19 个亚簇[27]

F 与非世系 F 序列在 FE/MEA 地区的数量进行独立性 Fisher 精确检验（Fisher's Exact Test），结果显示世系 F 与 MEA/FE 群体起源一致，有很高的显著性水平 P=0.00000。

　　2010 年，Cieslak 等分析了 207 个古代马和 1754 个现代马的线粒体 D-loop 序列，这些样本的地理范围从阿拉斯加，西伯利亚东北部到伊比利亚半岛，时间跨度从晚更新世到现代[28]。研究表明，从阿拉斯加到比利牛斯存在晚更新世马种群。稍晚些时候，在全新世和铜器时代，欧亚大草原和伊比利亚地区或多或少出现了分离的亚种群。这些数据表明存在多次驯化时间以及铁器时代的母系基因渗透。尽管所有欧亚地区都对现代犬种的遗传谱系有贡献，但大多数单倍型都起源于东欧和西伯利亚。研究识别出 87 个古老单倍型（图 2.6；表 2.3），其中 56 个单倍型出现在家马中，其中 39 个延续到现代家马中，还有 17 个单倍型已经灭绝。家马线粒体 DNA 谱系的巨大多样性并不是动物繁殖的结果，事实上，它代表了祖先的变异。

　　根据 87 个古老单倍型的地理分布，我们发现东亚地区的古代马主要在青铜时代开始出现，主要的单倍型是 K3、X3 和 D3a，来自内蒙古大山前夏家店下层遗址（公元前 2000 年），值得注意的是，同样是在青铜时代，X3 在距今 2000 年前的西西伯利亚塔尔塔斯 1 号（Tartas1）遗址也存在，该结果表明东亚地区的马与西西伯利亚的马具有紧密的联系，进一步表明，东亚的马匹来源于西西伯利亚地区。

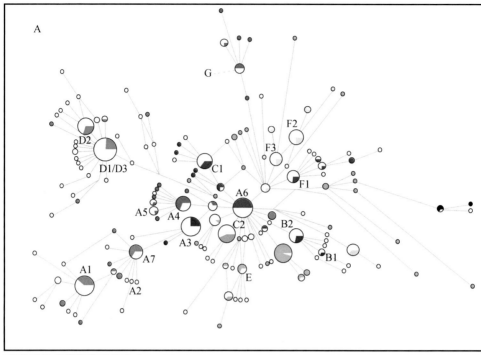

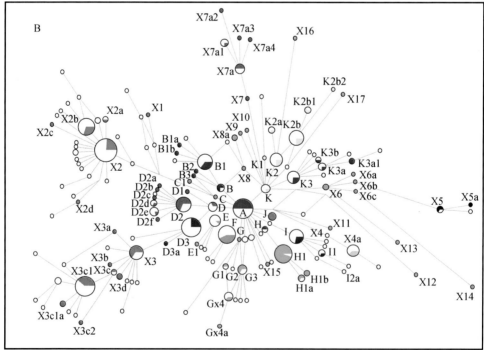

图 2.6　家马线粒体单倍型网络图

（图 A 遵循 Jansen 命名系统，图 B 遵循 Cieslak 命名系统。古代样本用不同颜色表示，每个圆圈代表一个单倍型，单倍型的大小与共享的个体数量成正比[28]）

表 2.3　87 个古代单倍型的名称及其变异位点[28]

A（A6）	495C 602T 720A
B	495C 602T 617C 720A
B1（C1）	495C 602T 617C 659C 720A
B1a	495C 511A 602T 617C 659C 720A
B1b	495C 602T 617C 626G 659C 720A
B2	495C 602T 617C 671A 720A
B3	495C 602T 617C 649G 720A
C	495C 602T 649G 720A
C1	495C 602T 635T 649G 720A
D	495C 720A
D1	495C 720A 728–
D2（A4）	495C
D2a	495C 539T
D2b	495C 605T
D2c	495C 657C
D2d	495C 723T
D2e（A5）	*Reference mtDNA sequence*
D2f	495C 584T
D3（A3）	495C 666A 720A
D3a	495C 666A 703C 720A
E	495C 532–602T 720A
E1	495C 532–600A 602T 720A
F（C2）	495C 601C 602T 720A
G	495C 521A 595G 602T 720A
G1	495C 521A 596G 602T 720A
G2	495C 595G 602T 720A
G3（E）	495C 521A 602T 720A 736C
G4a	495C 521A 596G 602T 711T 720A 736C
Gx4	495C 521A 596G 602T 720A 736C
H	495C 536C 602T 720A
H1	495C 533–536C 602T 720A
H1a	495C 533–536C 600A 602T 720A
H1b	495C 533–536C 602T 697C 720A

I（B2）	495C 538G 602T 709T 720A
I1（B1）	495C 538G 596G 602T 709T 720A
I2a	495C 507A 533G 538G 602T 709T 720A
J	495C 602T 718T 720A
K	495C 602T 703C 720A
K1	495C 602T 666A 703C 720A
K2（F3）	495C 602T 703C 720A 740G
K2a	495C 595G 602T 703C 720A 740G
K2b（F2）	495C 602T 703C 720A 726A 740G
K2b1	495C 602T 659C 703C 720A 726A 740G
K2b2	495C 602T 660G 703C 718T 720A 726A 740G
K3（F1）	495C 602T 667G 703C 720A
K3a	495C 602T 635T 667G703C 720A
K3a1	495C 602T 635T 667G703C 718T 720A
K3b	495C 602T 632C 667G 703C 720A
X1	534T 602T 603C 649G 653G 720A
X2（D1/D3）	494C 495C 496G 534T 602T 603C 649G 720A
X2a	494C 495C 496G 534T 602T 603C 649G 703C 720A
X2b（D2）	494C 495C 496G 534T 603C 649G 720A
X2c	494C 495C 496G 534T 583G 602T 603C 623C 649G 720A
X2d	494C 495C 496G 602T 603C 666A 720A
X3（A7）	495C 542T 602T 666A 720A
X3a	495C 542T 602T 666A 684A 720A
X3b	495C 542T 602T 626G 666A 720A
X3c	495C 542T 602T 635T 666A 720A
X3c1（A1）	495C 542T 602T 635T 666A 703C 720A
X3c1a	495C 542T 602T 635T 703C 720A
X3c2	542T 602T 666A 709T 720A
X3d	495C 542T 602T 651A 666A 720A
X4	495C 526C 540G 602T 718T 720A
X4a	495C 526C 540G 602T 649G 718T 720A
X5	495C 544C 602T 635T 686G 720A
X5a	495C 544C 595G 602T 635T 686G 720A

X6	495C 526C 602T 635T 703C 720A
X6a	495C 526C 533T 602T 635T 703C 720A
X6b	495C 526C 544C 602T 635T 703C 720A
X6c	495C 526C 602T 635T 659C 703C 720A
X7	495C 598C 602T 615G 659C 703C 720A
X7a	495C 598C 602T 615G 616G 659C 703C 720A
X7a1	495C 598C 602T 615G 616G 703C 720A
X7a2	598C 602T 615G 616G 659C 669T 703C 720A
X7a3	495C 602T 615G 616G 659C 703C 720A
X7a4	495C 598C 602T 616G 659C 703C 720A
X8	495C 602T 617C 703C 709T 720A
X8a	495C 602T 617C 703C 720A
X9	495C 602T 687A 703C 717T 720A
X10	495C 570A 602T 635T 703C 720A
X11	495C 526C 566C 602T 649G 720A
X12	495C 526C *Insertion of C between* 532~533 546T 602T 617C 649G 703C 720A
X13	495C 526C 528T 541T 602T 635T 666A 703C 720A
X14	498T 526C 576T 577T 602T 659C 703C 716G 720A
X15	495C 544C 558A 602T 720A
X16	495C 509T 510A 567G 703C 720A 740G
X17	495C 561T 598C 602T 720A 726A

注：（ ）中的单倍型名称基于 Jansen 的命名系统。

随着测序技术的发展，线粒体 DNA 研究从 D-loop 区发展到线粒体全基因组序列，从而揭示出比以往更多的信息。2011 年，Lippold 等分析了 44 个品种的 59 匹马和一个普氏野马的线粒体基因组，系统发育分析显示现代马的品种在 93000 年前和 38000 年前有一个共同的祖先。群体历史动态分析显示，6000～8000 年前，马开始大规模扩张（图 2.7），在驯化过程中，大量的野马多样性样本被纳入国内种群；具体来说，至少有 46 个在家养马中观察到的线粒体 DNA 谱系（73%）在距今 5000 年驯化开始之前就已经存在[29]。

2012 年，Achilli 等分析了亚洲、欧洲、中东和美洲地区的 81 个线粒体基因组，揭示了 18 个世系（A～R），所有马的共同祖先出现在 13 万～16 万年前（图 2.8、图 2.9）。除了世系 F 是未被驯化的普氏野马，在亚洲的家马群体中，探

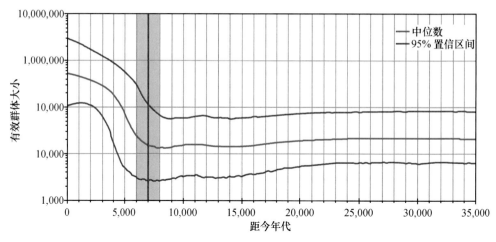

图 2.7　马的群体历史动态分析[29]

测到了全部的世系，这表明马在欧亚大草原经历了驯化[30]。

2.2.2　中国家马的线粒体 DNA 研究

中国家马的遗传学研究始于 20 世纪 90 年代，早期的研究主要集中于血液蛋白多态性研究。1992 年，黄怀昭等采用淀粉凝胶和聚丙烯酰胺凝胶电泳技术测定了安宁果下马（中国矮马）和建昌马的血红蛋白（Hb）、血清白蛋白（Alb）、血清运铁蛋白（Tf）、碳酸酐酶（CA）和酯酶（ES）同工酶等 3 个多态位点的基因型和基因频率。通过聚类分析，认为安宁果下马是我国自古以来遗留下来的一个独立的马匹系统，与其他马无较近的亲缘关系[31]。侯文通等对 6 个西南马地方类型进行血液蛋白多态位点 ALb、Tf、Es 的基因频率分析，探讨了西南马地方类型的亲缘关系[32]，与东南亚和南亚小型马有着密切亲缘关系，西南马的扩散可能与西南丝绸之路和海上丝绸之路的开通密切相关[33,34]。侯文通等对陕西乌审马、关中马、宁强矮马和宁强中型马进行了 5 个血液蛋白遗传标记分析，遗传分析表明，陕西固有马种类缘关系较近，宁强矮马和中型马来源一致，关中马山地型比舍饲型有较多的基因储备[35]。

线粒体 DNA 的早期研究主要集中在酶切多态性研究。1995 年，王文等对采自云南麻栗坡县的普通马和矮马各 3 匹进行了 20 种限制性内切酶分析中，发现 6 匹马均有自己独特的线粒体基因型，提示该地家马可能为多起源，至少有多重母系，这些母系可追溯到 1 万～10 万年前，与化石记载相一致[36]。1995 年，解德文等对云南马关县矮马线粒体 DNA 的限制性片段长度进行了多态性分析[37]。陈宏等利用 5 种限制性内切酶对 13 匹德国骑乘马进行了线粒体 DNA 的限制性

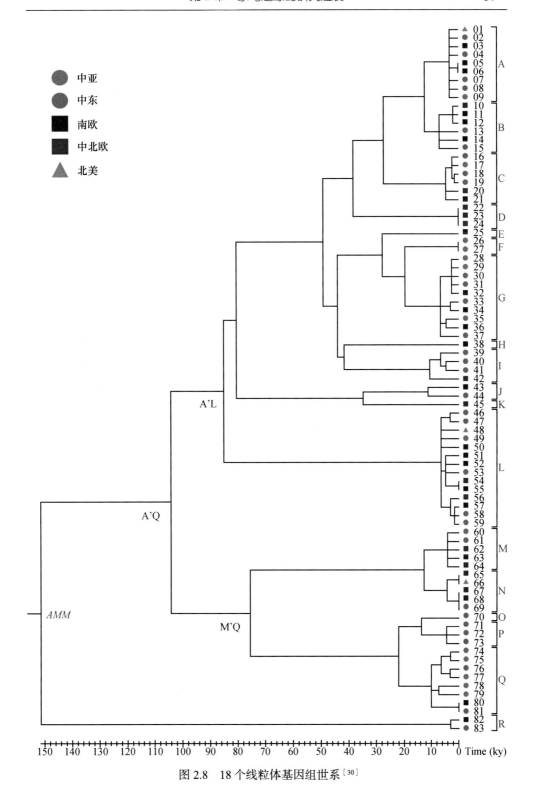

图 2.8　18 个线粒体基因组世系[30]

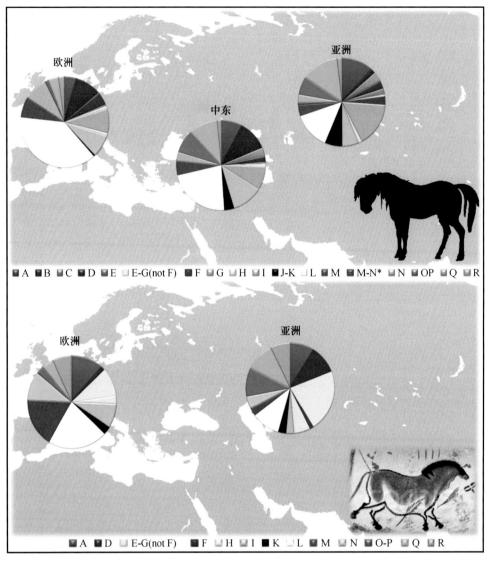

图 2.9　18 个世系在欧洲、中东和亚洲 2028 匹现代马中（上图）和 138 匹古代马
中（下图）的分布情况[30]

酶分析，获得了切割图谱，识别出 2 个基因型，并通过带谱分析推断，德国骑乘
马的 B 型是由 A 型通过突变产生 1 个新的切割位点进化而来[38]。

　　进入 21 世纪以来，随着一代测序技术的发展，科学家开始对线粒体 DNA
开展测序分析，主要集中于线粒体 DNA 的 D-loop 区和 Cyt b 基因。

　　在 D-loop 区研究方面，孟青龙等对 5 匹中国蒙古马线粒体 DNA D-loop 高变
区 400bp 核苷酸序列的变异情况进行分析，结果显示 5 匹中国蒙古马的 D-loop

具有丰富的遗传多态性。芒来等进一步对比了蒙古马和国外纯血马的 D-loop 的核苷酸多样性，发现两个品种的马匹比较接近[39]。蔡大伟等对西藏拉萨和泽当两个地区 23 匹西藏马的线粒体 DNA D-loop 部分片段进行序列分析，检测出16 个单倍型，包括 32 个核苷酸多态性位点（其中转换位点 31 个，缺失位点 1个），占所分析位点总数的 9.27%. 单倍型多样性（h）和核苷酸多样性（π）分别为 0.93±0.04 和 2.51%±0.16%，表明西藏马的遗传多样性较丰富。基于 23 匹西藏马序列以及现代欧亚马群的线粒体 DNA 序列，进行了系统发育分析和多维尺度分析。结果表明，西藏马在母系遗传关系上与近东、中亚以及欧洲家马有较近的亲缘关系，与东亚的蒙古马以及韩国马亲缘关系较远[40]。苏锐等对陕西关中马 27 个个体的线粒体 DNA D-loop 247 bp 序列的遗传多态性及系统进化进行分析，在关中马群体中发现存在 A、C、D、F 和 G 共 5 个支系，表明关中马是多起源的[41]。Lei 等分析了中国 9 个马品种 182 匹马的 D-loop 序列，识别出 70 个单倍型，在家马 7 个世系中均有分布，表明中国家马具有多个母系祖先[42]（图 2.10）。

2012 年，Zhang 等分析了中国西部 3 个地方马种群（宁强、贵州和哈萨克）43 匹马 600bp 的 mtDNA D-loop 区序列，结果显示这些马分布在现代家马 7 个主要世系中（A ～ G），暗示了多个母系来源[43]。

2017 年，Yang 等分析了中国 25 个地方品种 714 匹马的 D-loop 序列，发现了一些新颖的变异，命名为新的 H 和 I 世系，这表明中国马可能发生过局地驯化事件，可能是来自当地的野生马向国内种群的渗透，遗传多样性结果表明引进品种可能从欧亚大草原进入北部地区（图 2.11）[44]。

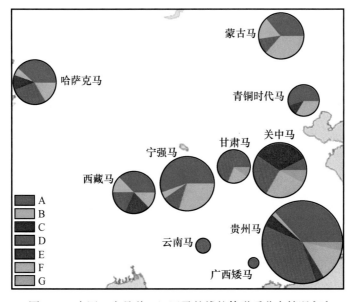

图 2.10　中国 9 个品种 182 匹马的线粒体世系分布情况[42]

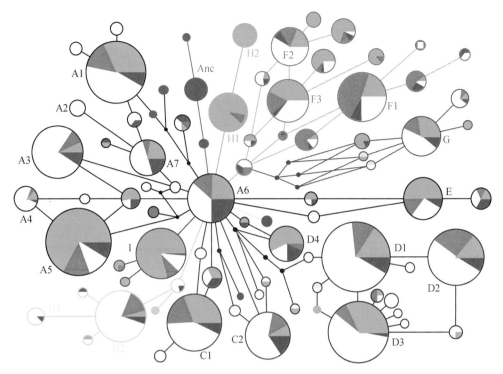

图 2.11 H 和 I 世系,其中 H 世系包含 H1 和 H2 两个亚簇[44]

2019 年,任爱珍等分析了一带一路沿线 18 个国家的 22 个马品种的 65 匹家马的线粒体 DNA D-loop 区,结果显示这些马匹分为两个明显的分支,一个是欧洲国家马品种聚成的分支,另一个是由一带一路沿线大部分亚洲国家马品种聚成的分支[45]。

Yang 等分析了 2050 匹马(包括来自 5 个藏马种群的 290 匹个体和来自亚洲其他地区的 1760 匹个体)线粒体 DNA 的高变片段 I 序列。网络分析显示,西藏马有多个母系血统。亚谱系 F3 的成分分析表明,其由东向西逐渐递减,反映了由内蒙古向南向北发展的趋势,种群遗传学分析表明,西藏东部的德钦马属马与其他西藏马或者是云南马相比,与中国北方的宁强马关系更为密切。这些结果表明,西藏马首先从中亚迁移到蒙古,向南移动到西藏东部(靠近德钦邦),然后最终向西到达西藏其他地区。该研究还发现了一个新的世系 K,主要由西藏马和云南马组成,表明一些西藏马可能从当地野马驯化而来[46]。

在 Cyt b 基因组研究方面,李金莲等利用 PCR-RFLP 技术分析了纯血马、三河马、乌珠穆沁马、锡尼河马、乌审马和矮马等 6 个马种 256 匹马的 Cyt b 基因多态性,发现了 3 个单倍型,表明了这些品种可能有多个母系祖先[47]。安丽萍等测定了 14 匹普氏野马(6 匹 A 系,8 匹 B 系)和 18 匹蒙古马的 Cyt b 基因全序列分析了普氏野马和蒙古马之间的遗传多态性，发现普氏野马与蒙古马遗传关系较近，蒙古马具有多个起源或经过多次驯化[48]。陈建兴等分析了 116 匹家马 Cyt b 基因 850bp 序列，家马在该基因区域内存在丰富的多态现象，尤以蒙古马的变异最为丰富。此外，结果还显示普氏野马与蒙古马亲缘关系较近[49]。张敬敬对伊犁马、吉林马、张北马、伊吾马、渤海马、哈萨克马、焉耆马、百色马、柯尔克孜马进行了 Cyt b 分析，表明中国家马有多个母系起源[50]。周琳等对西南地区矮马品种（广西德保、四川越西和贵州矮马）共 30 个样本的线粒体 DNA Cyt b 基因进行了遗传多样性检测，结果显示中国西南矮马有较高的遗传多样性，其中贵州矮马的遗传多样性相对较高，德保矮马相对较低；系统发生关系分析说明中国西南矮马具有多个母系起源，经过多次驯化，为中国西南矮马保护与利用提供科学依据[51]。

在马的线粒体全基因组研究方面，徐树青等研究测定了西藏那曲（4500米）、云南中甸（3300 米）、云南德钦（3300 米）地区 3 匹藏马线粒体全基因组序列。通过对线粒体蛋白编码区的分析发现，NADH6 基因的蛋白序列在 3 匹藏马中均表现快速进化的现象，这表明 NADH6 基因在藏马高原适应进化过程中扮演着重要角色。系统发育树显示，那曲藏马与中甸、德钦藏马属于不同的分支，且存在较大的遗传多样性，表明藏马可能为多地区起源[52]。

2.2.3　常染色体微卫星研究

人们对欧洲野马在马的驯化过程中所扮演的角色知之甚少，但有迹象表明来自欧洲各地野生种群可能对驯养马匹的基因库有贡献。2011 年，Warmuth 等基于 12 个常染色体微卫星位点（AHT4，AHT5，HMS3，HMS6，HMS7，HTG4，VHL20，ASB2，HTG7，HMS2，HTG10，HTG6）分析了 24 个欧洲马种的遗传多样性模式，研究表明欧洲东部大草原和伊比利亚半岛为全新世野马提供了避难所，这些野生种群对当地的家马具有重要的遗传贡献[53]。2012 年，Warmuth 等[54]对于欧亚草原 12 个地区采集的 322 余匹当代家马毛发进行了常染色体微卫星检测，采用空间和数量统计模型进行分析，指出家马最先在欧亚草原西部被驯化，考虑到家马母系反映出极强的多样性，以及人们试图驯化普氏野马的艰难经历，研究者认为驯化马群在随后的传播中，为了维持、扩大马群数量，需要反复与当地的母野马杂交，从而形成各地的驯化马群。

具体到国内的研究，主要集中在不同品种之间的遗传关系研究。李金莲等通过 13 个微卫星座位对蒙古马和纯血马两大品种的 60 匹马进行了遗传检测，结果显示纯血马的效等位基因数、多态信息含量和杂合度的平均值均稍高于蒙古马，这些研究将为今后我国培育优良品种马提供思路[55]。张涛等利用 8 个微卫星标记对 12 匹宁强矮马的遗传多样性进行了分析，结果表明在 6 个微卫星位点上存在遗传多态性，数据表明宁强矮马保持了较为纯净的原始基因库，对宁强矮马这一濒危物种进行资源评价、保护和开发利用研究提供了分子水平的理论依据[56]。凌英会等利用应用 FAO 和 ISAG 推荐的 25 对微卫星引物，对中国 23 个马群体和 1 个英国纯血马群体进行了分子遗传学研究，推测中国马群体含有 5 个潜在的支系，基本上代表了我国现在主要家马来源的基础遗传支系[57]。这些信息可以为我国现有马种类型的划分与马种资源遗传多样性的保护提供科学依据。此外，我国研究人员还对诸多地方马群体，例如蒙古马[58, 59]、哈萨克马[60]、伊犁马[61]、宁强矮马[62]、贵州矮马[63]、西藏马[64]等进行了微卫星分析，揭示了其遗传多样性、品种形成以及同其他地方马群的遗传关系。

2.2.4　家马的 Y-DNA 研究

通常来说，哺乳动物的 Y 染色体的多态性较低。近年来的研究显示，尽管家马的 X 染色体则呈现出丰富的多态，但其 Y 染色体高度保守，推测家马父系可能为单起源，在人工驯养过程中，有明显的性别选择偏好，即以筛选出的数量极少的雄性家马和数量极大的雌性家马来构建家马群体，由于多态性的匮乏，导致马的 Y 染色体研究较少，目前仅有少数研究涉及马的 Y 染色体研究。

2.2.4.1　Y 染色体精细物理图谱

2004 年，Raudsepp 绘制了家马 Y 染色体物理图谱，显示 Y 染色体总长在 45 ~ 50Mb，其中常染色体区（euchromatic region）的长度大约 15Mb，大约是长臂的 1/3，拟常染色体区（pseudoautosomal region，PAR）位于终端，Y 染色体的其他区域都是异染色体区（heterochromatic region）[65]（图 2.12）。2015 年，Huang 等利用二代测序技术，获得了一匹雄性普氏野马（测序深度 93×）和一匹雄性蒙古马（测序深度 91×）的高通量测序数据，进行了绘制了普氏野马和蒙古马的基因组精细图谱，并且借助 127 个序列探针，对普氏野马 3Mbp 和蒙古马 2 Mbp 的 Y 染色体部分也进行了测序，进行从头组装，获得了更为精细 Y 染色体的序列图谱[66]。

2.2.4.2　Y 染色体多态性研究

Y 染色体的多态性研究主要集中于 Y-SNP 和 Y-STP 研究，有时两个还结合在一起分析，近年来随着高通量测序技术的发展，Y 染色体基因拷贝数变异（Copy Number Variations，CNV）的研究也越来越多。

2003 年，Wallner 等首次对家马的 Y 染色体 5 个非编码区（Eca-Y3B1、Eca-Y3B8、Eca-Y3B12、Eca-Y2B17、Eca-Y3B19）进行测序分析，但是并没有识别

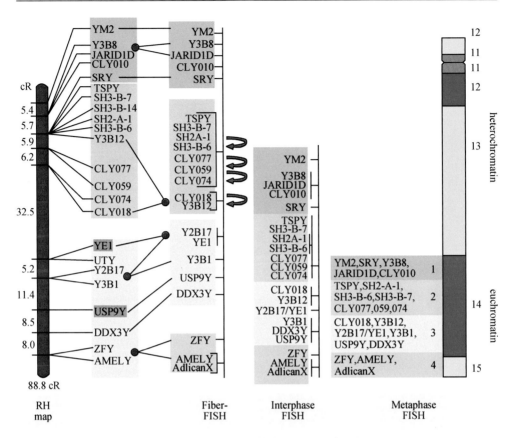

图 2.12　马 Y 染色体精细物理图谱[65]

出多态性位点，同时在普氏野马和家驴中间也没观察到多态性[67]。2004 年，Lindgren 等分析了 15 个品种 52 匹雄性马匹的 Y 染色体非重组区 14.3kb 片段，没有发现差异，表明家马的父系祖先极为有限[68]。

2013 年，Wallner 首次利用 454 焦磷酸高通量测序技术检测了来自欧洲 56 个现代家马群体的 516 匹雄性马的 Y 染色体雄性特异区，发现了 6 个家马 ECAY 单倍型（图 2.13），其中 HT1 是最古老的祖先型，在欧洲马群体中高频存在，其他单倍型都是由 HT1 突变进化而来的，这些基于 HT1 变异产生的单倍型，极有可能是驯化后产生的。此外，研究发现普氏野马间也出现了遗传变异，HTprz1 和 HTprz2 两者相差一个碱基。

2015 年，Han 等对来自中国西北和西南地区的 13 个品种的 304 匹公马进行了限制性酶切 RFLP 分析，发现了 2 个 Y 染色体 SNP（Y-45701/997 和 Y-50869）和 1 个缺失（Y-45288），这三个突变占总样本的 27.96%，将中国地方马划分为 5 个 SNP 单倍型，同样证明了中国家马的 Y 染色体遗传多样性[70]。

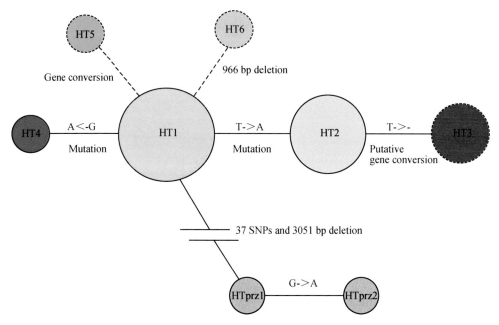

图 2.13　家马的 Y 染色体 6 个单倍型网络图[69]

2017 年，Wallner 进一步分析了 21 个品种 56 匹马的 Y 染色体雄性特异区 MSY 的 1.46Mb 序列。研究结果显示，除了个别的北欧单倍型，几乎所有的现代马都聚集在一个大约有 700 年历史的来自东方马群的单倍型类群，中东方马集团有两个主要的分支：最初的阿拉伯世系和土库曼世系[71]（图 2.14）。

在 Y 染色体微卫星研究方面。2004 年，Wallner 等分析了 32 个马品种及普氏野马 Y 染色体上 6 个微卫星标记，结果发现所有微卫星标记呈现出同样的单倍型[72]。2010 年，Ling 等测试了 Y 染色体上 6 个微卫星标记（Eca.YA16，Eca.YH12，Eca.YM2，Eca.YP9，Eca.YE1，Eca.YJ10），对中国 12 个省采集的 28 个品种 531 匹马的分析中，仅在 Eca.YA16 上发现了两个等位基因，其余标记均没有多态性[73]。2013 年，徐苹以 13 个中国家马品种和 12 个中国家驴品种为研究对象，并以 28 匹夸特马样本为对照，进行 Y-SNP 筛选，结果在马和驴中都没有发现 Y 染色体 SNP，这表明中国马的变异有限，遗传多态性极低，父系起源单一[74]。2013 年，Brandariz-Fontes 等分析了西班牙伊比利亚半岛的 Retuertas 野马的 Y 染色体锌指蛋白（ZFY）上的 31 内含子和 6 个微卫星位点，结果没有发现多态性[75]。

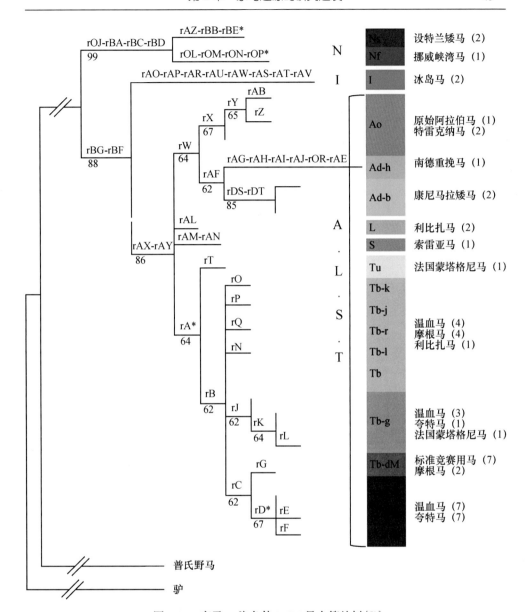

图 2.14　家马 Y 染色体 MSY 最大简约树[71]

（N，I 来自北欧的马，A-L-S-T 都是来自东方的马，分为两个主要的分支）

2.2.5 家马的全基因组研究

2.2.5.1 家马的染色体进化

马包括 31 个常染色体和 1 对性染色体 XY，其中 13 对常染色体为中着丝粒或亚中着丝粒，其余的为端着丝粒。X 染色体是第二大染色体，为中着丝粒，而 Y 染色体是最小的染色体，为端着丝粒。基因组大小为 2.5 ～ 2.7Gb，共有 20322 个编码基因。在距今 200 万年前，马属动物经历了快速的辐射进化，主要原因在于染色体重排速率极大，染色体内或染色体间的重排以及融合裂变事件使其核型多样化，从而导致马属动物间染色体数差异较大（家马的染色体 2n=64，普氏野马的染色体 2n=66，家驴的染色体 2n=62），因此很多研究集中于马属动物染色体快速进化的研究[76, 77]。

2.2.5.2 家马的功能基因筛选

2009 年，Wade 等通过一代测序技术全基因组鸟枪法对一匹纯血马的母马进行测序，测得基因组大小约为 2.689Gb，覆盖率达 6.8×，这是第一个家马的基因组，在家马基因组研究中具有里程碑的意义[78]。

2012 年，McCue 利用马专用的 DNA 杂交微阵列芯片的 snp 芯片（包含 54000snp 位点）对 14 个马品种进行了检验，结果显示该芯片也可成功的对其他奇蹄动物（斑马、驴、貘、犀牛）的基因分型[79]。Petersen 等人继续开发了 670K SNPs 高密度芯片[80]，在马的各种基因组以及在相关物种分析中具有更广泛的用途。

2012 年，Doan 等首次利用二代测序技术对夸特马进行了全基因测序，覆盖度达到 97%，测序深度为 24.7×，鉴定出 310 万个 SNP 位点，19.3 万个 indel，282 个 CNV，这些变异主要与感官知觉、信号转到、免疫和防御通道相关[81]。

Andersson 等对 70 匹冰岛马进行了基因组关联分析（genome-wide association analysis，GWAS），发现 DMRT3 基因突变对马的运动模式有重要影响，该突变对控制肢体运动的协调运动网络的正常发展至关重要，对驯养马的多样化产生了重大影响，因为许多品种的步态特征的改变显然需要这种突变[82]（图 2.15）。

2014 年，Metzger 等对 4 个不同种群的 5 匹马进行全基因组测序，识别出 3394883 个新的 snp 和 868525 个新的 indels。在非品种马中发现编码区中一些参与初级代谢过程、解剖结构、形态发生和细胞成分的特异突变存在显著富集，然而在品种马中发现与影响细胞通讯、脂质代谢、神经系统过程，肌肉收缩，离子运输，神经系统的发育过程相关的特异性变异，这表明特殊的变异在马的非品种和品种马的培育过程中扮演了一个重要角色[83]。

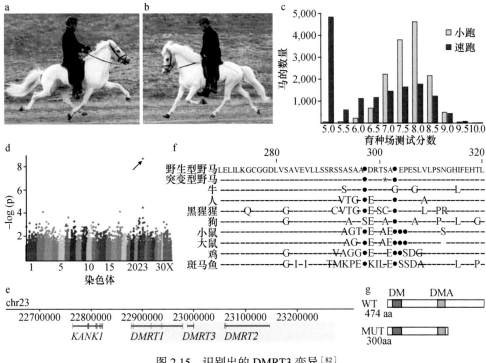

图 2.15　识别出的 DMRT3 变异[82]

2014 年，Jun 等对印度马种马瓦里马进行了重测序，这是测定的第一个亚洲马种的全基因组序列（测序深度～ 30×，覆盖度～ 98%）。该研究首次发现 TSHZ1 基因（p.Ala344 > Val）与马瓦里马的耳尖内翻修饰有关，这是首次将性状和基因进行了很好的关联，为后续的研究指明了方向。从此，愈来愈多的全基因组研究，尝试发掘特有基因与马的性状之间的联系[84]，2015 年，Kader 等针对德保矮马的群体基因组研究发现了候选基因 TBX3，可能是德宝小马身材的主要因素[85]。2016 年，Imsland 等利用全基因组技术测了 2 匹冰岛马（分别为灰褐色和非灰褐色表型），揭示了灰褐色被毛与 8 号染色体上 TBX3 基因转录相关[86]。

目前国内的马全基因组分析开展较少，2015 年，黄金龙使用二代高通量测序，组装了普氏野马、蒙古马、家驴和亚洲野驴的高质量的基因组序列，鉴别出了部分来自野马和蒙古马基因组的 Y 染色体序列。同时识别了马属动物基因组上四种主要的染色体重排类型，即未知插入、重复插入、倒位和移位，为马属动物染色体快速进化研究提供了有价值的新线索[77]。

2018 年，潘静对全球 13 个品种共 104 匹现代家马个体进行了全基因组高覆盖度重测序（平均测序深度 17.59×），通过对马属动物进行群体历史、群体结构和群体多态性分析，发现东西部马群具有明显的地理差异，结合相关的考古资料推断，东亚地区可能是家马驯化的起源地之一，并且在 1 万年前开始了对马的驯化[87]。

2019 年，马红英利用二代测序技术对原产于福建晋江的晋江马进行了重测序分析，综合线粒体 DNA 数据和核 DNA 数据分析结果可知，晋江马与我国西南马类群遗传关系较紧密，尤其是百色马，与我国北方的岔口驿马之间存在基因交流。推测晋江马是中国南方家马（尤其是百色马）和北方家马（尤其是岔口驿马）基因融合后，在晋江本地经自然选择和人工选择形成的我国地方马品种[88]。

2.3　家马起源的古 DNA 研究

对现代家马的遗传分析，仅仅反映了群体遗传结构的现状，对群体遗传结构形成的历史过程并不清楚，而这恰恰是家马起源与扩散的关键问题。我们要回答的问题是，这些遗传结构是何时、何地、如何形成的？为了解决这些细节问题，最好的方式是进行古 DNA 分析，构建古代家马群体遗传结构变化的时空框架，来解决这些问题。科学家很早就意识到这个问题，并开展了一系列的古 DNA 研究。早在 2001 年，Vilà 对阿拉斯加古代野马的研究就是一项极其重要的开创性研究，为家马起源研究指明了研究方向。随后，陆续有关家马的古 DNA 研究问世。

庞贝古城，位于意大利肥沃的小平原——坎帕尼亚的边缘，萨尔诺河的入海口附近，公元 79 年 8 月 24 日下午，维苏威火山突然爆发将庞贝古城完全淹没在火山灰下。庞贝古城完好地保留了当时古人的生活场景，对于了解古罗马的社会生活具有重要意义。突发的自然灾害掩埋了一切，也完整地保存了一切，这使得后世的我们可以进行多种研究，包括古代 DNA 研究。目前，有多篇古 DNA 研究文章着重分析了庞贝古城的古代马，2002 年，Sica 等分析了一所名叫"Casti Amanti"的房子附近马厩出土的 5 个马科动物遗骸 CAV1-CAV5（图 2.16），最初的形态研究认为 2 个骨架可能是马或骡子，也可能是 2 个驴和骡子。通过古 DNA 分析，最终确认这是 4 个驴和 1 个骡子，并不是马，这表明古 DNA 技术可以借解决模糊不清的分类问题[89]。为了更加准确地确定 5 个马科动物的种属，2004 年，Di Bernardo 同时检测了 5 个庞贝马和 1 个在 Herculaneum 发现的古代马 CAVH，结果显示 CAV1 ~ CAV4 和 CAVH 都属于马，只有 CAV5 序列比较奇怪，研究者认为这些样本可能是马或者马骡（公驴和母马的后代），而不可能是驴或者驴骡（公马和母驴的后代）[90]。同年，Di Bernardo 等对这 5 个庞贝样本进行了重分析，结合马科动物的特异卫星分型位点、370bp mtDNA 控制区序列，以及 16srRNA 序列，进行了综合分析，结果显示 CAV1 和 CAV4 分别属于 D 和

图 2.16　庞贝出土的 5 个马科动物遗骸[92]

E 世系，CAV2 和 CAV3 与参考序列相同，而 CAV5 序列较为独特[91]。面对如此令人迷惑的结果，2010 年，Gurney 认为作者可能在无意间混合了驴和马的序列，序列的前半部分接近驴，后半部分接近马。而且马的部分属于 G 世系，而驴的部分属于索马里野驴世系[92]。对此，Di Bernardo 并不认可，他认为所有实验完全遵照古 DNA 标准严格执行的，他们的结论没有错[93]。上述研究反映出马和驴以及骡由于亲缘关系较近，所以分子鉴定具有一定难度。为此，Orlando 团队开发了快速识别马和驴杂交一代后代的流程 Zonkey（https://paleomix.readthedocs.io/en/latest/zonkey_pipeline/index.html）[94]。

在中亚和欧洲地区，Priskin 等分析了 6 ～ 10 世纪里海盆地前阿瓦尔人（Avar）征服时期和后匈牙利（Hungarian）征服时期墓葬出土的 31 个古代马遗骸的线粒体 DNA 控制区序列。结果显示这两个时期的马匹完全不一致，这可能与匈牙利人的征服密切相关[95]。

Keyser-Tracqui 等分析了东哈萨克斯坦阿尔泰地区公元前 3 世纪 Berel 遗址一座冰冻的斯基泰古墓的 13 匹古代马，结果显示这些古代马并没有形成不明显的地理分布趋势，而是分散在现代马的世系中，并表现出很近的遗传关系，这表明这些古代马有多个母系起源[96]。

McGahern 等分析了爱尔兰的 3 个地方品种 59 个现代马和 3 个爱尔兰古代马和 1 个英国古代马，结果显示大多数现代马属与 A 世系，其次是 D，有趣的是爱尔兰的古代马都属于 A 世系，而来自英国的古代马属于 D 世系，这显示了一定程度上的时间连续性[97]。

Lira 等对伊比利亚半岛的新石器时代、青铜时代以及铁器时代的 22 个样本进行了古 DNA 分析。在现代伊比利亚半岛的现代群体中 D1 世系占据统治地位，然而在古代样本中却不是这样的，D1 在铁器时代才开始出现，新石器时代和青铜时代以世系 C 为主，这表明 D1 可能是在历史时期被引入伊比利亚半岛的，并逐渐取代了原有的 C 世系马群（Lusitano）[98]。Elsner 等分析了瑞士侏罗山脉距今 41000 ~ 5000 年前的 92 例样本，涵盖 3 个时期：古生物时期、末次盛冰期（LGM）以及树冠森林时期。结果表明，从距今 2.5 万年前末次盛冰期到距今 1 万年前的树冠森林时期，野马之间存在遗传连续性，但是并未延续到距今 5000 年前。上述两项研究再一次显示了古 DNA 研究的重要性，尤其推测遗传结构的不同时间框架下的连续性方面具有不可替代的地位。

2011 年，Lippold 等检测了 8 个古代野马和 1 个 2800 年前的家马的 Y 染色体 4Kb 序列，结果发现古代雄性马的祖先具有相当大的多样性。古代和现代的驯养马与古代的野马形成一个独立的分支，这表明在雄性野马驯化的过程中经历了强烈的瓶颈效应，很多雄性野马并没有被驯化，仅有极少数野马被驯化[99]。

近年来随着二代测序技术的飞速发展和普及，很多研究及团队开始古动物基因组研究，在古代马的研究中，Orlando 团队取得了杰出的研究成果。2010 年，Orlando 等首次将单分子测序技术应用于更新世时期的样本，并取得了成功[100]。2013 年，Orlando 成功测序了来自加拿大育空地区永久冻土层下保存的早中更新世时期的一个野马（Thistle Creek，56 万～ 78 万年）的古基因组，通过与马、驴和普氏野马的全基因组对比分析，发现它们的共同祖先生活在 400 万年前（图 2.17），而不是先前我们通过化石记录得到的 200 万年，为研究马的进化提供了新的视角。时至今日，这一研究保持着最古老的基因组的记录，在古 DNA 研究的历史中具有里程碑的意义。

2015 年，来自 Orlando 团队的 Librado 等人分析了 2 个晚更新世时期雅库特古代马古基因组，通过与现代雅库特的马进行对比分析，发现现代雅库特马与古代雅库特马之间不存在基因联系，现代雅库特马是几个世纪雅库特人迁移之后引入当地的，并揭示了现代雅库特马快速适应该地区极寒环境的分子机制。2017 年，Librado 等分析了 14 匹青铜和铁器时代的古代马，发现早期驯化选择模式支持神经嵴假说，马的驯化特征具有统一起源的发育学机制[102]。在过去的 2.3 万年里，马失去了遗传多样性，而且从一个现已灭绝的物种中渗入血统。由于繁殖的种马数量有限，它们积累的有害突变比驯化成本假说所预计的晚。此外，研究还发现古代斯基泰游牧人群实施了近亲繁殖、选择毛色变异和健壮前肢的育种策略。2018 年，Gaunitz 等分析了 42 个古代马包括 20 个波太马的基因组，结合已

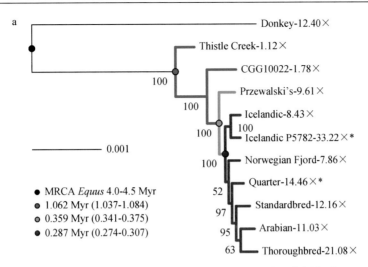

图 2.17 古代马、现代马、驴和普氏野马的系统发育树[101]

（黑点处是它们的共同祖先节点，年代 400 万～450 万年）

经发表的 46 个古代和现代马的基因组，得出令人吃惊的结论：普氏野马是在波太野马被驯化后的后代，而不是真正的野马（图 2.18）[103]。而且早期驯化的波太野马已经消亡，目前在现代马中仅保存有极少数的波太马的成分，现代的所有家马起源于一个未知的野生祖先，被命名为 DOM2。研究者认为大规模的基因组转换为马基因流的扩张奠定了基础，从而产生了现代马，这与青铜时代早期的大规模人口扩张事件相吻合。

2019 年，Fages 等分析了 278 个古代马的基因组，揭示了两个在早期驯化阶段灭绝的野马世系，一个在欧亚大陆西部的伊比利亚半岛，一个是在东部西伯利亚，这两个世系对现代家马没有贡献[104]。研究同时，还显示波斯血统的马在伊斯兰征服时期对欧洲马和亚洲马的影响。与精英赛马相关的多个等位基因，包括 MSTN 速度基因，在过去的千年里才开始流行起来。最后，研究还显示现代育种的发展对遗传多样性的影响比上千年人类管理的影响更为显著。

东亚地区的家马古 DNA 研究目前较少，最早的研究是 2002 年，韩国的 Jung 等人对韩国济州岛夸吉（Kwakji）遗址出土的公元 7～8 世纪的一个马骨进行了克隆测序，结果显示这匹马与纯血马的遗传关系最近，而与由蒙古引入的现代济州马关系较远，这表明在蒙古马被引入 Jeju 岛之前，在岛上已经有本地马存在[105]。此后，一直没有相关的研究。2007 年，吉林大学古 DNA 研究团队率先开展了中国家马起源的 DNA 研究，陆续完成了北方地区 9 个遗址的 46 匹古代马 DNA 分析，发表了多篇论文，对中国家马的起源有了初步的了解[106～108]。具体遗址地理分布和采样情况如下——内蒙古地区：凉城县板城墓

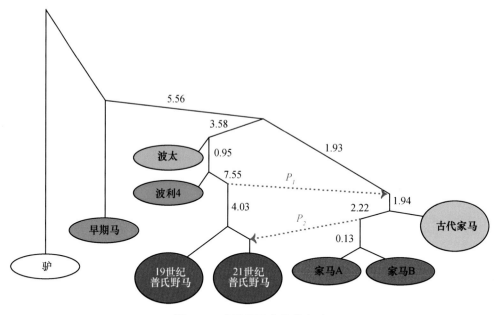

图 2.18　家马的进化路线[103]

地（7 个样本）、凉城县小双古城墓地（4 个样本，编号 LS01 ～ LS04）、和林格尔新店子墓地（13 个样本 HX01-HX13）、赤峰市大山前遗址（5 个样本，K433、K410、K316、K420、K315）、赤峰市井沟子墓地（4 个样本，LJM23、LJM49、LJM51、LJM52）；河南省：新郑市郑韩故城毛园民宅二号车马坑（8 个样本，MY01 ～ MY08），安阳殷墟（2 个样本，YX01、YX02）；此外还有山东滕州前掌大遗址（1 个样本，QZ01）以及宁夏回族自治区固原县彭堡于家庄遗址（2 个样本，YJZ01、YJZ02）。

在这 46 个样本中，绝大多数样本的年代集中在距今 2500 年前，仅有少数样本（大山前遗址、殷墟）的年代在 3000 ～ 4000 年前，值得注意的是大山前遗址有两个时期的文化遗存，4 个样本属于夏家店下层时期，距今约 4000 年；1 个样本属于战国晚期，距今约 2200 年。

从 46 个古代样本中成功获得了 35 个样本的 247 bp mtDNA D-loop（15494 ～ 15740）序列，共识别出 25 个单倍型（H1 ～ H25）。根据 Jansen 的命名系统，确定了古代马世系，其中世系 A 占统治地位 42.8%；其次是 F 占31.4%，接着依次是 B2.9%、C5.7%、D2.9%、E8.6%、G5.7%。结合现代马、野马、其他地区古代马样本共 1132 个样本，构建了中介网络图（图 2.19），结果显示了 35 个古代马的 25 个单倍型分布在 7 个 mtDNA 世系，其中一些单倍型如H13、H15、H17、H25 等进一步分布在世系的亚簇中，并且分享建立者单倍型，表明其对现代家马 mtDNA 基因池的形成具有重要的贡献。在每个世系之中都显

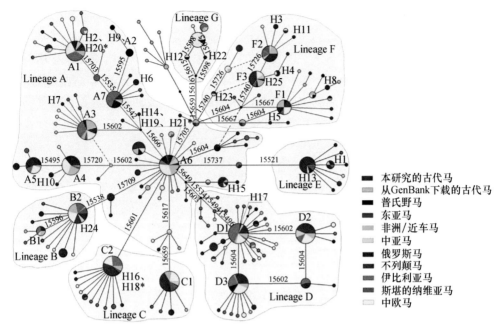

图 2.19　1132 个家马、野马、古代马的中介网络图[106]

（红色是中国古代马，其他颜色代表不同地区马）

示出高度的混合现象，来自不同地区、不同品种的马分享相同的单倍型，表明现代家马群体间存在广泛的基因交流。其中一些世系也表现出一定的地理分布倾向，世系 D 中聚集有大量的伊比利亚品种；世系 F 中聚集有大量的东亚和中东的品种；世系 E 中则聚集有较多的不列颠群岛的矮马嘉里沼泽矮马（Kerry Bog）和设特兰矮马（Shetland）。世系 B 也是中亚地区常见的世系。此外，一些其他遗址出土的古代马也分布在多个现代家马世系中，并且分享多个亚簇的建立者单倍型，暗示家马世系的形成并不是一个近期事件，而是有着古老的历史。值得注意的是，普氏野马独自分布在世系 A 的 A2 亚簇中，并没有其他品种混合其中。考虑到世系 F、D 和 B 的起源地点，中国古代马中存在广泛的 mtDNA 世系以及历史上经历的群体扩张。中国家马的起源并不像以前想象的那么简单，外来输入假说和本地驯化假说都不能解释在中国古代马中存在如此广泛的母系来源。可能合理的解释是，中国家马的起源既有本地驯化的因素，也受到外来家马 mtDNA 基因流的影响。

　　近年来，中国社会科学院考古研究所古 DNA 团队也开展了古代马的 DNA 研究，主要完成三项研究：①新疆石人子沟遗址出土家马的 DNA 研究[109]；②陕西省淳化县枣树沟脑遗址马坑出土马骨的 DNA 初步研究[110]；③新疆木垒哈萨克自治县平顶山墓群出土马骨的古研究[111]。

对新疆石人子沟遗址的墓葬中出土的 5 个古代家马样本（实验室编号 EQ16、EQ20、EQ21、EQ24、EQ42）进行古 DNA 分析，共检测出 3 个不同的单倍型，可以归属到 3 个不同的谱系 A、B 和 E。毛色控制基因的 SNP 检测结果显示石人子沟遗址古代家马有栗色、枣色和金黄色 3 种不同毛色。结合古代文献记载和新疆的特殊地理位置，支持新疆是家马引入中国的一个重要通道的观点。此外，金黄色马与墓主人同葬于墓室，可能是当时特殊的选择，表明马在古代人类社会中具有着重要的地位。

对陕西淳化枣树沟脑遗址西周中晚期马坑出土的 4 例马骨样本（试验编号 EQC9、EQC10、EQC11、EQC12）进行了古 DNA 分析，共检测出 4 个不同的单倍型，可以归属到 4 个不同的谱系 A、B、C 和 F，枣树沟脑遗址马坑中出土家马具有相对较高的线粒体 DNA 的遗传多样性。依据古代文献记载和古环境特征，陕西地区特殊的地理位置似乎利于不同谱系和不同品种的家马聚集至此，由此推测该地区可能是先秦时期的一个产马和马匹贸易交换的集散地，此外毛色检测结果显示该遗址古代家马仅有枣色 bay 一种毛色。该研究为陕西地区古代家马遗传学研究填补了空白，也为今后中国古代家马起源与扩散研究提供新的思路。

对新疆木垒哈萨克自治县青铜时代中晚期平顶山墓群出土 8 匹马骨骼样本进行了古 DNA 研究。全部样本获得了线粒体 DNA 序列，在 8 个序列中共检测出 7 个不同的单倍型，可以归属到 5 个不同的谱系 A、D、E、F、G，均属于家马的范畴。毛色控制基因的 SNP 检测结果显示该墓群古代马的毛色有栗色、栗色有白斑、黑色和金黄色四种，推测这里应该是古代一个非常重要的产马地。

从上述研究看，两个研究团队的重点，一个是与欧亚草原通道相关的北方地区，一个是进入中原的绿洲丝路沿线。尽管已经取得了初步的研究成果，但是从研究的深度和广度上看，目前的研究还远远不能全面揭示中国家马的起源与扩散，尤其是缺乏西北地区早期驯化阶段的古代马的 DNA 资料。本课题的研究目的就是要解决上述问题，通过重点增加西北地区以及新疆地区的不同时期古代马的古 DNA，进一步构建中国家马遗传结构变化的时空框架，追踪中国家马起源与扩散的踪迹，破解尘封的历史。

注　释

[1]邓涛.中国的真马化石及其生活环境［D］.西北工业大学，1997.

[2]邓涛，薛祥煦.中国真马（Equus 属）化石的系统演化［J］.中国科学（D 辑：地球科学），1998（6）：505-510.

[3]白东义，赵一萍，李蓓，等.马属动物全基因组高通量测序研究进展［J］.遗传，2017，39（11）：974-983.

［ 4 ］Levine M A. Botai and the origins of horse domestication ［ J ］. Journal of Anthropological Archaeology, 1999, 18 (1): 29-78.

［ 5 ］Bokonyi S. The earliest waves of domestic horses in East Europe ［ J ］. Journal of Indo-European Studies, 1978 (6): 17-73.

［ 6 ］Anthony D W, Brown D R. The origins of horseback riding ［ J ］. Antiquity, 1991, 65: 22-38.

［ 7 ］Anthony D W, Brown D R. Eneolithic horse exploitation in the Eurasian steppes: diet, ritual and riding ［ J ］. Antiquity, 2000, 74: 75-86.

［ 8 ］Levine M A. Dereivka and the problem of horse domestication ［ J ］. Antiquity, 1990, 64 (245): 727-740.

［ 9 ］李水城, 梅建军.《古代的交互作用: 欧亚大陆的东部与西部》述评［ J ］. 华夏考古, 2004（3）: 109-112.

［10］Outram A K, Stear N A, Bendrey R, et al. The earliest horse harnessing and milking ［ J ］. Science, 2009, 323 (5919): 1332-1335.

［11］袁靖. 中国古代家马的研究［ M ］. 西安: 三秦出版社, 2003: 436-443.

［12］铁元神. 中国北方家马起源问题初探——以甘青地区为探讨中心［ J ］. 农业考古, 2015（1）: 241-248.

［13］丛德新, 贾笑冰, 贾伟明, 等. 新疆博尔塔拉河流域青铜时代山顶遗存的发现与初步认识［ J ］. 西域研究, 2018（2）: 138-145.

［14］中国社会科学院考古研究所, 新疆文物考古研究所, 博尔塔拉蒙古自治州文物局, 温泉县文物局. 新疆温泉呼斯塔遗址 2017 ～ 2018 年发掘收获［ N ］. 中国文物报, 2019-3-9.

［15］阮秋荣, 王永强. 新疆尼勒克县吉仁台沟口遗址［ J ］. 考古, 2017（7）: 57-70.

［16］傅罗文, 袁靖, 李水城. 论中国甘青地区新石器时代家养动物的来源及特征［ J ］. 考古. 2009（5）: 80-86.

［17］王宜涛. 也谈中国马类动物历史及相关问题［ N ］. 中国文物报, 1998-8-12.

［18］斯坦利·J. 奥尔森著, 殷志强译. 中国北方的早期驯养马［ J ］. 考古与文物, 1986: 89-91.

［19］吉崎昌一, 曹兵海, 张秀萍. 马和文化［ J ］. 农业考古, 1987（2）: 336-338.

［20］王志俊, 宋澎. 中国北方家马起源问题的探讨［ J ］. 考古与文物, 2001（2）: 26-30.

［21］张春生. 野马、家马及东亚养马中心［ J ］. 农业考古, 2004（1）: 252-254.

［22］邓涛. 中国矮马与普氏野马的亲缘关系［ J ］. 畜牧兽医学报, 2000（1）: 29-34.

［23］王铁权. 中国的矮马［ M ］. 北京: 北京农业大学出版社, 1992.

［24］Xu X, Arnason U. The complete mitochondrial DNA sequence of the horse, Equus caballus: extensive heteroplasmy of the control region ［ J ］. Gene, 1994, 148 (2): 357-362.

［25］Vilà C, Leonard J A, Gotherstrom A, et al. Widespread origins of domestic horse lineages ［ J ］. Science, 2001, 291 (5503): 474-477.

［26］Jansen T, Forster P, Levine M A, et al. Mitochondrial DNA and the origins of the domestic horse ［J］. Proceedings of the National Academy of Sciences of the United States of America, 2002, 99 (16): 10905-10910.

［27］McGahern A, Bower M A, Edwards C J, et al. Evidence for biogeographic patterning of mitochondrial DNA sequences in Eastern horse populations ［J］. Anim Genet, 2006, 37 (5): 494-497.

［28］Cieslak M, Pruvost M, Benecke N, et al. Origin and History of mitochondrial DNA lineages in domestic horses ［J］. PLoS One, 2010, 5 (12).

［29］Lippold S, Matzke N J, Reissmann M, et al. Whole mitochondrial genome sequencing of domestic horses reveals incorporation of extensive wild horse diversity during domestication ［J］. BMC evolutionary biology, 2011, 11 (1): 328.

［30］Achilli A, Olivieri A, Soares P, et al. Mitochondrial genomes from modern horses reveal the major haplogroups that underwent domestication ［J］. Proceedings of the National Academy of Sciences, 2012, 109 (7): 2449-2454.

［31］黄怀昭，张学舜，肖开进，等. 安宁果下马（中国矮马）血液蛋白多态性及与其他马品种遗传距离的研究 ［J］. 中国畜牧杂志，1992（2）：8-12.

［32］侯文通，李相运，李勤荣. 西南马地方类型遗传分化及亲缘关系研究 ［J］. 西北农业学报，1993（4）：94-98.

［33］侯文通. 东南亚小型马来源的遗传学和历史学研究 ［J］. 西北农业大学学报，1994（1）：7-11.

［34］侯文通，孙超. 南亚小型马近缘关系的研究 ［J］. 西北农业大学学报，1995（5）：23-27.

［35］侯文通. 陕西马种血液蛋白遗传标记特征及聚类分析 ［J］. 畜牧兽医杂志，1996（4）：1-3.

［36］王文，刘爱华，林世英，等. 麻栗坡县家马 mtDNA 多态性研究 ［J］. 云南畜牧兽医，1995（S1）：39-42.

［37］解德文，刘爱华，林世英. 云南马关县矮马线粒体 DNA 的限制性片段长度多态性分析 ［J］. 云南畜牧兽医，1995（S1）：37-38.

［38］陈宏，邱怀. 德国骑乘马线粒体 DNA 的限制性酶分析 ［J］. 西北农业大学学报，1999（4）：26-30.

［39］芒来，李金莲，石有斐. 中国蒙古马与国外纯血马 mtDNA D-Loop 高变区序列比较 ［J］. 遗传，2005（1）：91-94.

［40］蔡大伟，韩璐，李胜男，等. 西藏马线粒体 DNA D-loop 区的遗传多样性 ［J］. 吉林大学学报（理学版），2007，45（5）：873-878.

［41］苏锐，谢文美，张云生，等. 关中马 mtDNA D-loop 区遗传多态性分析 ［J］. 西北农业学报，2008（6）：17-20.

［42］Lei C Z, Su R, Bower M A, et al. Multiple maternal origins of native modern and ancient horse populations in China ［J］. Animal Genetics, 2009, 40 (6):933-944.

［43］Zhang T, Lu H, Chen C, et al. Genetic diversity of mtDNA D-loop and Maternal Origin of three Chinese native horse breeds ［J］. Asian-Australasian Journal of Animal Sciences, 2012, 25 (7): 921-926.

［44］Yang Y, Zhu Q, Liu S, et al. The origin of Chinese domestic horses revealed with novel mtDNA variants ［J］. Anim Sci J, 2017, 88 (1): 19-26.

［45］任爱珍，彩丽干，白东义，等. 一带一路沿线国家马品种的系统进化研究 ［J］. 内蒙古农业大学学报（自然科学版），2019，40（2）：1-10.

［46］Yang L, Kong X, Yang S, et al. Haplotype diversity in mitochondrial DNA reveals the multiple origins of Tibetan horse ［J］. PLoS One, 2018, 13 (7): e201564.

［47］李金莲，石有斐，布仁其其格，等. 三大不同品种马 mtDNA Cytb 基因 PCR-RFLP 分析 ［J］. 遗传，2006（8）：933-938.

［48］安丽萍，李正先，于景文，等. 从细胞色素 b 基因序列探讨普氏野马与蒙古马的遗传多态性 ［J］. 甘肃农业大学学报，2006（5）：10-13.

［49］陈建兴，乌尼尔夫，杨丽华，等. 以 Cytb 基因探讨家马的母系起源 ［J］. 内蒙古农业大学学报（自然科学版），2011（4）：1-5.

［50］张敬敏. 采用线粒体 Cytb 基因研究九个马品种的系统发育 ［D］. 四川农业大学，2012.

［51］周琳，杨胜林，杨海兵，等. 中国西南矮马品种的 mtDNA Cytb 基因遗传多样性分析 ［J］. 生物技术，2013，23（5）：55-59.

［52］徐树青，洛桑江白，华桑，等. 基于线粒体基因组的藏马高原适应及系统发育分析（英文）［J］. 遗传学报，2007（8）：720-729.

［53］Warmuth V, Eriksson A, Bower M, et al. European domestic horses originated in two holocene refugia ［J］. PLoS One, 2011, 6 (3).

［54］Warmuth V, Eriksson A, Bower M A, et al. Reconstructing the origin and spread of horse domestication in the Eurasian steppe ［J］. Proceedings of the National Academy of Sciences, 2012, 109 (21): 8202-8206.

［55］李金莲，芒来，石有斐. 利用微卫星标记对蒙古马和纯血马遗传多样性的研究 ［J］. 畜牧兽医学报，2005（1）：6-9.

［56］张涛，路宏朝，曹亮，等. 宁强矮马微卫星遗传多样性研究 ［J］. 湖北农业科学，2008（8）：868-870.

［57］凌英会，成月娇，王艳萍，等. 应用微卫星标记分析 23 个中国地方马种的遗传多样性 ［J］. 生物多样性，2009（3）：240-247.

［58］李金莲，芒来，石有斐. 利用微卫星标记对蒙古马和纯血马遗传多样性的研究 ［J］. 畜牧兽医学报，2005（1）：6-9.

［59］布仁其其格，李金莲，芒来 . 蒙古马 4 个地方品种 SSR 遗传多样性的研究［J］. 畜牧与
饲料科学，2007（3）：35-38.

［60］丁丽媛 . 哈萨克马表型及微卫星遗传多样性研究［D］. 塔里木大学，2017.

［61］李红 . 新疆哈萨克马、伊犁马及杂种马遗传多样性的微卫星分析［D］. 新疆农业大学，
2008.

［62］杜丹，邓亮，赵春江，等 . 利用微卫星标记对宁强矮马和蒙古马遗传多样性的研究［J］.
中国畜牧杂志，2009，45（5）：10-13.

［63］雷红梅，王嘉福，田松军，等 . 利用微卫星标记研究贵州矮马和伊犁马的遗传多样性
［J］. 中国畜牧兽医，2013，40（8）：116-122.

［64］商鹏，郭新颖，张健，等 . 藏马微卫星标记遗传多样性研究［J］. 中国农业大学学报，
2019，24（9）：98-104.

［65］Raudsepp T, Santani A, Wallner B, et al. A detailed physical map of the horse Y chromosome
［J］. Proc Natl Acad Sci USA, 2004, 101 (25): 9321-9326.

［66］Huang J, Zhao Y, Shiraigol W, et al. Analysis of horse genomes provides insight into the
diversification and adaptive evolution of karyotype［J］. Scientific Reports, 2015, 4 (1).

［67］Wallner B, Brem G, Muller M, et al. Fixed nucleotide differences on the Y chromosome
indicate clear divergence between Equus przewalskii and Equus caballus［J］. Anim Genet,
2003, 34 (6): 453-456.

［68］Lindgren G, Backström N, Swinburne J, et al. Limited number of patrilines in horse
domestication［J］. Nature Genetics, 2004, 36 (4): 335-336.

［69］Wallner B, Vogl C, Shukla P, et al. Identification of genetic variation on the horse y
chromosome and the tracing of male founder lineages in modern breeds［J］. PLoS One,
2013, 8 (4): e60015.

［70］Han H, Zhang Q, Gao K, et al. Y-Single Nucleotide Polymorphisms Diversity in Chinese
Indigenous Horse［J］. Asian-Australasian Journal of Animal Sciences, 2015, 28 (8): 1066-
1074.

［71］Wallner B, Palmieri N, Vogl C, et al. Y Chromosome Uncovers the Recent Oriental Origin of
Modern Stallions［J］. Curr Biol, 2017, 27 (13): 2029-2035.

［72］Wallner B. Isolation of Y chromosome-specific microsatellites in the horse and cross-species
amplification in the genus equus［J］. Journal of Heredity, 2004, 95 (2): 158-164.

［73］Ling Y, Ma Y, Guan W, et al. Identification of Y chromosome genetic variations in Chinese
indigenous horse breeds［J］. Journal of Heredity, 2010, 101 (5): 639-643.

［74］徐苹 . 马和驴 Y-SNPs 筛选及多拷贝基因鉴定［D］. 西北农林科技大学，2013.

［75］Brandariz-Fontes C, Leonard J, Vega-Pla J, et al. Y-Chromosome analysis in retuertas horses
［J］. PLoS One, 2013, 8 (5).

［76］Huang J, Zhao Y, Shiraigol W, et al. Analysis of horse genomes provides insight into the diversification and adaptive evolution of karyotype［J］. Sci Rep, 2014, 4: 4958.

［77］黄金龙. 马属基因组和染色体快速进化的研究［D］. 内蒙古农业大学，2015.

［78］Wade C M, Giulotto E, Sigurdsson S, et al. Genome sequence, comparative analysis, and population genetics of the domestic horse［J］. Science, 2009, 326 (5954): 865-867.

［79］McCue M, Bannasch D, Petersen J, et al. A high density snp array for the domestic horse and extant perissodactyla: utility for association mapping, genetic diversity, and phylogeny studies［J］. PLoS Genetics, 2012, 8 (1).

［80］Petersen J L, Mickelson J R, Rendahl A K, et al. Genome-wide analysis reveals selection for important traits in domestic horse breeds［J］. PLoS Genet, 2013, 9 (1): e1003211.

［81］Doan R, Cohen N D, Sawyer J, et al. Whole-genome sequencing and genetic variant analysis of a Quarter Horse mare［J］. BMC Genomics, 2012, 13: 78.

［82］Andersson L S, Larhammar M, Memic F, et al. Mutations in DMRT3 affect locomotion in horses and spinal circuit function in mice［J］. Nature, 2012, 488 (7413): 642-646.

［83］Metzger J, Tonda R, Beltran S, et al. Next generation sequencing gives an insight into the characteristics of highly selected breeds versus non-breed horses in the course of domestication［J］. BMC Genomics, 2014, 15: 562.

［84］Jun J, Cho Y S, Hu H, et al. Whole genome sequence and analysis of the Marwari horse breed and its genetic origin［J］. BMC Genomics, 2014, 15 Suppl 9: S4.

［85］Kader A, Li Y, Dong K, et al. Population variation reveals independent selection toward small body size in Chinese Debao Pony［J］. Genome Biol Evol, 2015, 8 (1): 42-50.

［86］Imsland F, Mcgowan K, Rubin C J, et al. Regulatory mutations in TBX3 disrupt asymmetric hair pigmentation that underlies Dun camouflage color in horses［J］. Nat Genet, 2016, 48 (2): 152-158.

［87］潘静. 全基因组测序揭示马的进化与驯化［D］. 内蒙古农业大学，2018.

［88］马红英. 利用 DNA 组学技术对晋江马起源的研究［D］. 中国农业大学，2019.

［89］Sica M, Aceto S, Genovese A, et al. Analysis of five ancient equine skeletons by mitochondrial DNA sequencing［J］. Ancient Biomolecules, 2002, 4 (4): 179-184.

［90］Di Bernardo G, Galderisi U, Del Gaudio S, et al. Genetic characterization of Pompeii and Herculaneum Equidae buried by Vesuvius in 79 AD［J］. Journal of Cellular Physiology, 2004, 199 (2): 200-205.

［91］Di Bernardo G, Del Gaudio S, Galderisi U, et al. 2000 Year-old ancient equids: an ancient-DNA lesson from pompeii remains［J］. Journal of Experimental Zoology, 2004, 302B (6): 550-556.

［92］Gurney S M. Revisiting ancient mtDNA equid sequences from Pompeii［J］. J Cell Biochem,

2010, 111 (5): 1080-1081.

［93］ Cipollaro M. Strengthening ancient mtDNA equid sequences from pompeii ［J］. Journal of Cellular Biochemistry, 2011, 112 (2): 363-364.

［94］ Schubert M, Mashkour M, Gaunitz C, et al. Zonkey: A simple, accurate and sensitive pipeline to genetically identify equine F1-hybrids in archaeological assemblages ［J］. Journal of Archaeological Science, 2017, 78: 147-157.

［95］ Priskin K, Szabó K, Tömöry G, et al. Mitochondrial sequence variation in ancient horses from the Carpathian Basin and possible modern relatives ［J］. Genetica, 2010, 138 (2): 211-218.

［96］ Keyser-Tracqui C, Blandin-Frappin P, Francfort H P, et al. Mitochondrial DNA analysis of horses recovered from a frozen tomb (Berel site, Kazakhstan, 3rd Century BC) ［J］. Animal Genetics, 2005, 36 (3): 203-209.

［97］ McGahern A M, Edwards C J, Bower M A, et al. Mitochondrial DNA sequence diversity in extant Irish horse populations and in ancient horses ［J］. Animal Genetics, 2006, 37 (5): 498-502.

［98］ Lira J, Linderholm A, Olaria C, et al. Ancient DNA reveals traces of Iberian Neolithic and Bronze Age lineages in modern Iberian horses ［J］. Molecular Ecology, 2010, 19 (1): 64-78.

［99］ Lippold S, Knapp M, Kuznetsova T, et al. Discovery of lost diversity of paternal horse lineages using ancient DNA ［J］. Nat Commun, 2011, 2: 450.

［100］ Orlando L, Ginolhac A, Raghavan M, et al. True single-molecule DNA sequencing of a pleistocene horse bone ［J］. Genome Research, 2011, 21 (10): 1705-1719.

［101］ Orlando L, Ginolhac A, Zhang G, et al. Recalibrating Equus evolution using the genome sequence of an early Middle Pleistocene horse ［J］. Nature, 2013, 499 (7456): 74-78.

［102］ Librado P, Gamba C, Gaunitz C, et al. Ancient genomic changes associated with domestication of the horse ［J］. Science, 2017, 356 (6336): 442-445.

［103］ Gaunitz C, Fages A, Hanghoj K, et al. Ancient genomes revisit the ancestry of domestic and Przewalski's horses ［J］. Science, 2018, 360 (6384): 111-114.

［104］ Fages A, Hanghøj K, Khan N, et al. Tracking five millennia of horse management with extensive ancient genome time series ［J］. Cell, 2019, 177 (6): 1419-1435.

［105］ Jung Y, Han S, Shin T, et al. Genetic characterization of horse bone excavated from the Kwakji archaeological site, Jeju, Korea ［J］. Molecules and cells, 2002, 14 (2): 224.

［106］ Cai D, Tang Z, Han L, et al. Ancient DNA provides new insights into the origin of the Chinese domestic horse ［J］. Journal of Archaeological Science, 2009, 36 (3): 835-842.

［107］ 蔡大伟, 韩璐, 谢承志, 等. 内蒙古赤峰地区青铜时代古马线粒体 DNA 分析 ［J］. 自然科学进展, 2007（3）：385-390.

［108］ 蔡大伟, 曹建恩, 陈全家, 等. 内蒙古凉城县春秋时期古代马线粒体 DNA 分析 ［C］.

　　　边疆考古研究（第 7 辑）. 北京：科学出版社，2008：328-333.

［109］赵欣，Antonia T. Rodrigues，尤悦，等. 新疆石人子沟遗址出土家马的 DNA 研究［J］.
　　　第四纪研究，2014，34（1）：187-195.

［110］赵欣，李悦，陈洪海，等. 陕西省淳化县枣树沟脑遗址马坑出土马骨的 DNA 初步研究
　　　［J］. 南方文物，2015（3）：70-76.

［111］赵欣，东晓玲，韩雨，等. 新疆木垒县平顶山墓群出土马骨的 DNA 研究［J］. 南方文
　　　物，2017（3）：187-191.

第 3 章　材料与方法

3.1　实验试剂

本研究中所采用的主要试剂见表 3.1。

表 3.1　实验所用试剂与试剂盒

试剂和试剂盒	供应商
乙二胺四乙酸（EDTA）	Promega
蛋白酶 K（proteinase K）	NEB, USA
Taq DNA 聚合酶（TaKaRa Ex Taq®）	宝生物工程（大连）有限公司
10 mM dNTPs Mix	上海生工生物有限公司
牛血清白蛋白水溶液（BSA）	宝生物工程（大连）有限公司
QIAquick®PCRPurificationKit	QIAGEN, GmbHGermany
Amicon®Ultura-4	Millipore, USA
琼脂糖（Agarose）	Biowest, Spain
溴乙锭（Ethidiumbromide，EB）	Amresco, USA
PUC19DNA/MspI（HpaII）Marker	MBI

3.2　仪器设备

本实验中主要使用的仪器及实验设备见表 3.2。

表 3.2　实验所用仪器设备

设备	供应商
电动打磨机 Traus 204	韩国
液氮冷冻研磨机 FREEZER/MILL6750	SPEXP CetriPrep, USA
PCR 梯度扩增仪 Mastercycler® personal	Eppendorf, Germany

设备	供应商
冷冻离心机 5810R	Eppendorf, Germany
Eppendorf mini 离心机	Eppendorf, Germany
凝胶成像仪 ImageMaster® VDS	Pharmacia, Sweden
水平电泳仪	北京六一厂
超纯水器	SG, Germany
高压蒸汽灭菌锅	日本三洋
制冰机	日本三洋
紫外可见分光光度计	日本岛津
紫外检测仪	中国昆山
超声波清洗器	中国昆山
立式震荡培养箱	中国哈尔滨
超净工作台	中国苏净

3.3　技　术　路　线

古 DNA 具有含量低、高度降解、广泛损伤的特点。因此，古 DNA 研究有其特有的技术流程，概括起来主要有以下 8 个步骤（图 3.1），以 PCR 扩增为界，可划分为两个阶段：前 PCR 阶段和后 PCR 阶段。为避免污染，两个阶段的实验分别在不同的建筑物里进行。

3.3.1　样本处理

在样本处理前，根据样本的埋藏情况和外观形态特征对古代样本保存状态进行定性分析。在古 DNA 研究中，有两类最常见的材料：骨骼和牙齿。通常保存较好的样本中含有较多的 DNA，因此要仔细地选取样本，这对于古 DNA 研究是至关重要的。对于骨骼样本来说，我们要尽量选择骨骼两端完整、骨质致密、表面无裂痕和破损的样本；对于牙齿样本来说，

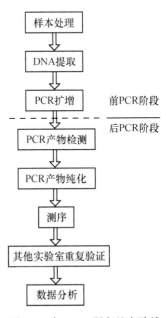

图 3.1　古 DNA 研究基本路线

我们要尽量选择牙齿表面光滑、颜色洁白、质地致密的样本。样本处理步骤如下：

（1）首先要除去样本表面损坏和受污染的表层，经常采用的方法是用电动打磨工具去除表层 1 ～ 2 毫米；

（2）用电锯片将样本切割成小的骨片；

（3）将骨片浸泡在 10% 次氯酸溶液中 10 ～ 20 分钟；

（4）依次用水和乙醇清洗掉次氯酸；

（5）用紫外线照射每面各 30 分钟，晾干骨片；

（6）用液氮冷冻研磨机机将样本研磨成骨粉，或者用牙钻钻取骨粉。

3.3.2　DNA 提取

古 DNA 的抽提方法采用硅离心柱法，先用裂解液（0.465 M EDTA，0.5% SDS，0.4 mg/mL 蛋白酶 K）裂解骨粉，随后利用超滤浓缩管 Amicon® Ultura-4 浓缩含 DNA 的裂解液，最后用商业化试剂盒 QIAquick® PCR Purification Kit 按照操作说明提取 DNA。每次处理 5 个样本和 1 个空白对照，具体如下：

（1）取 1 个 50mL 离心管，依次加入 16.2mL EDTA（0.5M）、0.45mL 蛋白酶 K（20mg/mL）和 1.35mL 超纯水，在 50℃空气浴中摇匀直至溶液澄清（大约 10min）。

（2）在 1 个空白和 5 个装有骨粉（～ 200mg）的 15mL 离心管中分别加入 3mL 上一步配置好的裂解液，用封口膜封好，涡旋震荡混匀，上摇床 220rpm 50℃孵育 24h。

（3）取出含有裂解液的离心管，8000rpm 离心 20min，吸取上清液（不要吸入骨粉）加入到 Amicon®Ultura-4 超滤浓缩管中，把裂解液浓缩到大约 100μL，浓缩的时间大约 1h。

（4）向 Amicon®Ultura-4 超滤管中加入 5 倍体积 Buffer PB 抽打混匀，将混合液转移到 QIAquick™ Spin Column 中，12000rpm 离 1min，丢弃滤液。

（5）在 QIAquick™ Spin Column 中加入 500μL Buffer PE 抽打混匀，12000rpm 离心 1min，丢弃滤液。

（6）再次向 QIAquick™ Spin Column 中加入 500μL Buffer PE 抽打混匀，12000rpm 离心 3min，丢弃滤液。

（7）把 QIAquick™ Spin Column 放在新的 1.5mL 离心管上。加 80μL Buffer EB 到硅胶膜的中心，50℃孵 20min，12000rpm 离心 1min，收集滤液转移到新的 1.5mL 离心管中，-20℃保存。

3.3.3　PCR 扩增

PCR 技术是 DNA 研究的理想工具。首先，PCR 技术具有高敏感性，即使只有一个模板的情况下也能够得到足够的拷贝。其次，PCR 技术的高选择性使得 PCR 能够在多种 DNA 分子混杂的背景下选择性扩增靶基因序列。这使研究者能够选择一段具有合适的变异率适于进化分析的基因进行研究。

依据参考序列 X79547，设计了多对套叠引物扩增马的 mtDNA D-loop 多个片段（表 3.3），最后将小片断组合在一起获得较长的片断。

表 3.3　马 PCR 扩增引物

扩增区域	名称	引物序列	长度（bp）
15473-15692	HA1	5′-CTTCCCCTAAACGACAACAA-3′	220
	HB2	5′-TTTGACTTGGATGGGGTATG-3′	
15571-15772	HB1	5′-AATGGCCTATGTACGTCGTG-3′	202
	HC2	5′-GGGAGGGTTGCTGATTTC -3′	
15424-15625	ECP1F	5′-CACCATCAACACCCAAAGCT-3′	201
	ECP1R	5′-ACATGCTTATTATTCATGGGGC-3′	
15545-15708	ECP2F	5′-ACCCACCTGACATGCAATAT-3′	164
	ECP2R	5′-TGTTGACTGGAAATGATTTG-3′	
15661-15863	ECP3F	5′-TTATTGATCGTGCATACCCC-3′	203
	ECP3R	5′-CCCTGAAGTAGGAACCAGATG-3′	
15828-16004	ECP4F	5′-TGAAACTATACCTGGCATCTGG-3′	177
	ECP4R	5′-GCTGAGTCATAGCATCCCCAA-3′	

扩增反应均在 Mastercycler® personal 热循环仪上进行。25μL 反应体系中含 2.5 mmol·L^{-1} Mg^{2+}，1X Buffer，200 μmol·L^{-1} dNTPs，1.6 g·L^{-1} BSA，0.5 μmol·L^{-1} 每条引物，1U *Taq* 酶，2 μL 模板。扩增程序：95℃ 5 min，92℃ 1 min 变性，55℃ 退火 1 min，72℃ 延伸 1 min，8 个循环后进入 92℃ 1 min 变性，50～55℃ 退火 1 min，72℃ 延伸 1 min，28 个循环后，72℃ 延伸 10 分钟，4℃保持。

3.3.4　PCR 产物检测

PCR 扩增产物用琼脂糖凝胶电泳进行检测，电泳缓冲液 1×TAE，电场强度 10 V/cm。使用凝胶成像仪进行观察、分析、记录。

3.3.5　DNA 测序

经检查合格 PCR 产物，送至吉林省库美生物科技有限公司或者生工生物工程（上海）股份有限公司进行纯化、测序，采用正反双向直接测序的策略，测序引物就是扩增引物。

3.3.6　污染的防止

在考古发掘过程中，对需要进行采集的样本，应减少人员直接接触，并避免阳光直射或雨淋，尤其是不能用水清洗。对于特别潮湿的样本，应先置于阴凉处晾干。采集者应戴一次性无菌的头套、口罩、手套，使用无菌采集工具。为了避免样本间的交叉污染，每采集完一个样本后，均需更换新的无菌采集工具。对于不便更换的采集工具应用 5% 次氯酸溶液清洗干净后再使用。

所有的实验都是在一个专门的古 DNA 实验室内完成的，非本实验室人员不得入内。样本的处理、古 DNA 的抽提、PCR 扩增以及 PCR 产物检测均在专用的相互隔离的操作间（配备有专用超净台）进行，实验的每一个步骤都有专用的设备（如移液枪和离心机等），不能相互混用，而且在 PCR 加样室里安装有紫外灯。

实验前都预先使用紫外灯照射，并且使用排风装置净化操作间。实验中穿双层防护服，戴一次性帽子和口罩、乳胶手套、每完成一步操作，立即更换手套。随时用 DNA-offTM 试剂（DNA 去除剂）擦拭超净台和用紫外线照射以消除污染，同时在 DNA 的抽提过程和 PCR 扩增过程中设立空白对照。

在实验中所使用的试剂盒与试剂均是 DNA-free 的，而且是每人分装专用，一次性实验耗材（离心管，PCR 彩管，枪头）均经高压灭菌处理（121℃，15 min）。

对同一样本至少要经过 2 次独立抽提，对不同的 DNA 提取液分别进行 3 次 PCR 扩增，同时在 DNA 的抽提过程和 PCR 扩增过程中设立空白对照，以保证结果的重现性和真实性。

3.3.7　数据分析

从古代材料中提取遗传信息，只是古 DNA 研究的最初步骤，对这些遗传信息进行分析和挖掘，则是古 DNA 研究的一个关键问题。本研究中主要采取了以下方法：

3.3.7.1　序列校正与比对分析

在进行数据分析前，首先要对所获得的 DNA 序列进行校正。测序仪有误读的现象存在，特别是对短片段的引物初始部分，因此要首先对测序仪导出的 DNA 序列进行人工手动校正。序列校正使用 Chromos 软件手动完成。

序列比对能清晰明了地显示不同序列之间相对应的核苷酸变异情况，从而揭示各类群之间及类群内部的亲缘关系。用 Clustal X 1.83 软件对 DNA 序列进行比对分析，从所有序列中排除插入 / 缺失位点。Clustal X 1.83 软件可以从网上免费下载（下载地址 http://www-igbmc.u-strasbg.fr/BioInfo/）。

3.3.7.2　共享单倍型搜索

将获得的古 DNA 序列输入到 NCBI 的 GenBank 数据库中，用 BLAST 程序搜索，将其完全匹配或者高度相似的序列显现出来。共享单倍型序列的搜索不仅可以了解其在同一属种内的 DNA 同源相似度，还可以了解该序列所代表的物种地理分布情况（即生物地理学的研究范畴），从而为研究其起源与迁移路线提供分子生物学证据。

3.3.7.3　构建系统发育树

系统发育分析最常用的方法是构建系统发育树和中介网络图，表达类群之间的系统发育模式。系统发育树的构建方法有很多，主要包括邻接法（NJ）、最大似然法（ML）和贝叶斯法（Bayes）。NJ 分析采用 Mega X 软件（下载地址 http://www.megasoftware.net/），个体间的遗传距离计算基于 Kimura 2P 双参数距离模型，群体间的遗传距离基于值 dA，3000 次重复抽样分析检验系统发育树各分支的置信度。ML 树采用 PhyML 在线软件（http://www.atgc-montpellier.fr/phyml/）构建，进行 SMS 自动模型选择，树的搜索策略采用 NNI 方法，分支置信度检测基于 aLRT SH-like 方法。Bayes 系统发育树的构建使用 MrBayes3.2 程序（下载地址 https://github.com/NBISweden/MrBayes/releases），最佳模型选择利用 Model Finder 程序基于 BIC 标准选择。在重建贝叶斯树过程中，建立 4 个马尔可夫链（Markov chain Monte Carlo，MCMC），以随机树为起始树，运行 2 千万代，每 1000 代抽样 1 次，舍弃 25% 老化样本后，根据剩余 75% 的样本构建一致树，并计算后验概率（Posterior probability）。

3.3.7.4　构建中介网络图

中介网络图（Median-joing network）成星型放射状，可显示 DNA 序列信息，如突变热点、同质性位点位置、分辨单倍型类群及显示单倍型类群的比例分布等。中介网络图聚类分析中，节点距离的远近可以反映出单倍型之间亲缘关系的远近。用 Network 5.11 软件构建中介网络图。

3.3.7.5　群体遗传学分析方法

群体内的遗传变异常常通过计算群体的序列多样性（haplotype diversity，h）、核苷酸多样性（nucleotide diversity，π）、平均配对差异数（mean number of pairwise differences）等来估计，这些统计学信息有时也能反映群体之间的关系，由 DnaSP6 或者 Arlequin 3.0 完成。

3.4　比 对 数 据

本研究选择已发表的世界各地不同时期的 309 例古代马样本作为比对序列（表 3.4）。

表 3.4　从 Genbank 上下载的古代马 DNA 数据 *（BP：距今；BC：公元前）

Genbank 号	遗址名称	地区	时代
旧石器时代 >10000 BC			
KC893841	Schalberghoehle cave	瑞士	40032±856 BP
KC893842	Schalberghoehle cave	瑞士	41344±296 BP
KC893843	Schalberghoehle cave	瑞士	41344±296 BP
FJ204314	Maliy Lyakhovsky Isl	西伯利亚东北部	晚更新世
FJ204315	Bol'shoy Lyakhovsky Isl	西伯利亚东北部	晚更新世
FJ204316	Bol'shoy Lyakhovsky Isl	西伯利亚东北部	晚更新世
FJ204317	Oyagosskiy Yar, Kondrat'evo R	西伯利亚东北部	晚更新世
FJ204318	Kotel'niy Isl., Anisiy Cape	西伯利亚东北部	晚更新世
FJ204324	Bol'shoy Lyakhovsky Isl	西伯利亚东北部	晚更新世
DQ007574	Bol. Lyakhovsky Island	西伯利亚东北部	晚更新世
DQ007575	Bol. Lyakhovsky Island	西伯利亚东北部	34800±1000 BP
DQ007576	Ulakhan-Sullar, Adycha R	西伯利亚东北部	晚更新世
DQ007577	Lena R. Delta	西伯利亚东北部	31220±180 BP
DQ007578	Bykovsky Peninsula, Lena Delta	西伯利亚东北部	晚更新世
DQ007579	Alyoshkina, Kolyma R	西伯利亚东北部	晚更新世
DQ007580	Lena R. Delta	西伯利亚东北部	晚更新世
DQ007582	Yana R. Lower course	西伯利亚东北部	晚更新世

*因本表下载自 Genbank，故表内信息均保留原样。

Genbank 号	遗址名称	地区	时代
AF326668		北美阿拉斯加	28000-12000 BP
AF326669		北美阿拉斯加	28000-12000 BP
AF326670		北美阿拉斯加	28000-12000 BP
AF326671		北美阿拉斯加	28000-12000 BP
AF326672		北美阿拉斯加	28000-12000 BP
AF326673		北美阿拉斯加	28000-12000 BP
AF326674		北美阿拉斯加	28000-12000 BP
AF326675		北美阿拉斯加	28000-12000 BP
KC893814	Kohlerhoehle cave	瑞士	26000-19000 BP
KC893815	Kohlerhoehle cave	瑞士	26000-19000 BP
KC893816	Kohlerhoehle cave	瑞士	26000-19000 BP
KC893823	Kohlerhoehle cave	瑞士	26000-19000 BP
KC893824	Kohlerhoehle cave	瑞士	26000-19000 BP
KC893820	Kohlerhoehle cave	瑞士	26000-19000 BP
KC893817	Kohlerhoehle cave	瑞士	23406±338 BP
KC893818	Kohlerhoehle cave	瑞士	23721±275 BP
KC893819	Kohlerhoehle cave	瑞士	23721±275 BP
KC893822	Kohlerhoehle cave	瑞士	23610±251 BP
KC893825	Kohlerhoehle cave	瑞士	23067±265 BP
DQ327850	Waterford, Shandon	冰岛	25624±400 BC
FJ204347	Kniegrotte	德国	15000-14000 BC
FJ204348	Kniegrotte	德国	15000-14000 BC
FJ204351	Kniegrotte	德国	15000-14000 BC
FJ204352	Petersfels	德国	14000-11000 BC
KC893761	Kesslerloch cave	瑞士	17000-14000 BP
KC893762	Kesslerloch cave	瑞士	17000-14000 BP
KC893763	Kesslerloch cave	瑞士	17000-14000 BP
KC893764	Kesslerloch cave	瑞士	17000-14000 BP
KC893765	Kesslerloch cave	瑞士	17000-14000 BP
KC893766	Kesslerloch cave	瑞士	17000-14000 BP
KC893767	Kesslerloch cave	瑞士	17000-14000 BP
KC893768	Kesslerloch cave	瑞士	17000-14000 BP

续表

Genbank 号	遗址名称	地区	时代
KC893769	Kesslerloch cave	瑞士	17000-14000 BP
KC893770	Kesslerloch cave	瑞士	17000-14000 BP
KC893771	Kesslerloch cave	瑞士	17000-14000 BP
KC893772	Kesslerloch cave	瑞士	17000-14000 BP
KC893773	Kesslerloch cave	瑞士	17000-14000 BP
KC893774	Kesslerloch cave	瑞士	17000-14000 BP
KC893775	Kesslerloch cave	瑞士	17000-14000 BP
KC893776	Kesslerloch cave	瑞士	17000-14000 BP
KC893777	Kesslerloch cave	瑞士	15915±396 BP
KC893778	Kesslerloch cave	瑞士	17000-14000 BP
KC893779	Kesslerloch cave	瑞士	14962±295 BP
KC893780	Kesslerloch cave	瑞士	17000-14000 BP
KC893781	Kesslerloch cave	瑞士	17000-14000 BP
KC893782	Kesslerloch cave	瑞士	17000-14000 BP
KC893783	Kesslerloch cave	瑞士	17000-14000 BP
KC893784	Kesslerloch cave	瑞士	16824±201 BP
KC893785	Kesslerloch cave	瑞士	17000-14000 BP
KC893786	Kesslerloch cave	瑞士	17000-14000 BP
KC893787	Kesslerloch cave	瑞士	17000-14000 BP
KC893788	Kesslerloch cave	瑞士	17000-14000 BP
KC893789	Kesslerloch cave	瑞士	17000-14000 BP
KC893790	Kesslerloch cave	瑞士	17000-14000 BP
KC893791	Kesslerloch cave	瑞士	17000-14000 BP
KC893792	Kesslerloch cave	瑞士	17000-14000 BP
KC893793	Kesslerloch cave	瑞士	15560±333 BP
KC893794	Kesslerloch cave	瑞士	17000-14000 BP
KC893795	Kesslerloch cave	瑞士	17000-14000 BP
KC893796	Kesslerloch cave	瑞士	17000-14000 BP
KC893797	Kesslerloch cave	瑞士	17000-14000 BP
KC893798	Kesslerloch cave	瑞士	17000-14000 BP
KC893799	Kesslerloch cave	瑞士	17000-14000 BP
KC893800	Kesslerloch cave	瑞士	17000-14000 BP

续表

Genbank 号	遗址名称	地区	时代
KC893801	Kesslerloch cave	瑞士	17000-14000 BP
KC893802	Kesslerloch cave	瑞士	15277±254 BP
KC893803	Kesslerloch cave	瑞士	17000-14000 BP
KC893804	Kohlerhoehle cave	瑞士	13423±117 BP
KC893805	Kohlerhoehle cave	瑞士	15270±248 BP
KC893806	Kohlerhoehle cave	瑞士	14761±293 BP
KC893807	Kohlerhoehle cave	瑞士	17000-14000 BP
KC893808	Kohlerhoehle cave	瑞士	17000-14000 BP
KC893809	Kohlerhoehle cave	瑞士	17000-14000 BP
KC893810	Kohlerhoehle cave	瑞士	17000-14000 BP
KC893811	Kohlerhoehle cave	瑞士	17000-14000 BP
KC893812	Kohlerhoehle cave	瑞士	17000-14000 BP
KC893813	Kohlerhoehle cave	瑞士	17000-14000 BP
DQ007591	Vogelherd IV	德国	13845±50 BP
KC893826	Kohlerhoehle cave	瑞士	17000-14000 BP
KC893827	Kaesloch cave	瑞士	14825±291 BP
KC893828	Kaesloch cave	瑞士	16931±154 BP
KC893829	Kaesloch cave	瑞士	14719±313 BP
KC893830	Abri Neumuehle cave	瑞士	14439±324 BP
KC893832	Rislisberghoehle cave	瑞士	17000-14000 BP
KC893833	Rislisberghoehle cave	瑞士	17000-14000 BP
KC893834	Rislisberghoehle cave	瑞士	14924±293 BP
KC893835	Schweizersbild cave	瑞士	17000-14000 BP
KC893836	Schweizersbild cave	瑞士	17000-14000 BP
KC893837	Schweizersbild cave	瑞士	14308±258 BP
KC893821	Kohlerhoehle cave	瑞士	15223±258 BP
KC893838	Schweizersbild cave	瑞士	15077±303 BP
KC893839	Schweizersbild cave	瑞士	17000-14000 BP
KC893840	Schweizersbild cave	瑞士	14303±251 BP
KC893831	Rislisberghoehle cave	瑞士	12749±50 BP
DQ007556	Hohlefels	德国	12550±60 BP
KC893844	Schalberghoehle cave	瑞士	12511±140 BP

Genbank 号	遗址名称	地区	时代
DQ007558	Petersfels	德国	12545±50 BP
新石器时代早期（10000-7500 BC）			
FJ204354	Span-Koba, Ukraine	乌克兰	9390-9210 BC
新石器时代中期（7500-5000 BC）			
FJ204384	Atxoste	伊比利亚半岛	5500-4950 BC
FJ204380	Atxoste	伊比利亚半岛	5500-4950 BC
FJ204390	Cueva Fosca -Valencia-Cartellon	伊比利亚半岛	5200-4900 BC
HM802276	Cueva Fosca -Valencia-Cartellon	伊比利亚半岛	5200-4900 BC
FJ204381	Cueva Fosca -Valencia-Cartellon	伊比利亚半岛	5200-4900 BC
FJ204382	Cueva Fosca -Valencia-Cartellon	伊比利亚半岛	5210-4910 BC
FJ204383	Cueva Fosca -Valencia-Cartellon	伊比利亚半岛	5220-4980 BC
HM802280	Cueva Fosca -Valencia-Cartellon	伊比利亚半岛	5380-5210BC
FJ204385	Cueva Fosca -Valencia-Cartellon	伊比利亚半岛	5210-4910 BC
FJ204386	Cueva De La Vaquera-Segovia	伊比利亚半岛	5210-4940 BC
新石器时代晚期（5000-3000 BC）			
FJ204357	Vitanesti	罗马尼亚	4350-4220 BC
HM802281	El Caprichio-Madrid	伊比利亚半岛	4300-2200 BC
FJ204355	Pietrele	罗马尼亚	4300 BC
FJ204358	Orlovka	摩尔多瓦	4000 BC
FJ204356	Cascioarele	罗马尼亚	3700-3380 BC
FJ204359	Mayaki	乌克兰	3600-3100 BC
FJ204364	Mayaki	乌克兰	3600-3100 BC
FJ204360	Mayaki	乌克兰	3250-3100 BC
FJ204361	Mayaki	乌克兰	3520-3330 BC
FJ204362	Mayaki	乌克兰	3520-3380 BC
FJ204363	Mayaki	乌克兰	3650-3500 BC
FJ204353	Kirklareli-Kanligecit	土耳其	3850 BC
FJ204349	Kirklareli-Kanligecit	土耳其	3850 BC
新石器末期（3000-2000 BC）			
FJ204319	Denisova-Pescera	阿尔泰地区	3000 BC
KC893753	Mumpf open air	瑞士	5180±101 BP

续表

Genbank 号	遗址名称	地区	时代
KC893754	Mumpf open air	瑞士	5042±139 BP
KC893755	Twann Bahnhof wetland	瑞士	5540±46 BP
KC893756	Twann Bahnhof wetland	瑞士	5514±32 BP
KC893757	Twann Bahnhof wetland	瑞士	5467±97 BP
KC893758	Twann Bahnhof wetland	瑞士	5605±48 BP
KC893759	Twann Bahnhof wetland	瑞士	5605±48 BP
KC893760	Twann Bahnhof wetland	瑞士	5605±48 BP
HM802277	Cueva Rubia-Valmayor/Madrid	伊比利亚半岛	2880-2570 BC
HM802278	Cueva Rubia-Valmayor/Madrid	伊比利亚半岛	2900- 2500 BC
DQ683538	Portalon	伊比利亚半岛	2130-2080 BC
DQ683544	Portalon	伊比利亚半岛	2480-2290 BC
DQ683543	Portalon	伊比利亚半岛	
DQ683542	Portalon	伊比利亚半岛	
DQ683537	Portalon	伊比利亚半岛	
DQ683536	Portalon	伊比利亚半岛	2310-2030 BC
DQ683539	Portalon	伊比利亚半岛	
DQ683532	Portalon	伊比利亚半岛	2200-1960 BC
DQ683528	Portalon	伊比利亚半岛	2200-1970 BC
DQ683533	Portalon	伊比利亚半岛	2040-1880 BC
DQ683530	Portalon	伊比利亚半岛	2300-2120 BC
DQ683529	Portalon	伊比利亚半岛	2200-1970 BC
DQ683540	Portalon	伊比利亚半岛	
DQ683541	Portalon	伊比利亚半岛	
DQ683525	Portalon	伊比利亚半岛	2130-1900 BC
FJ204387	El Acequion	伊比利亚半岛	2200-800 BC
FJ204388	El Acequion	伊比利亚半岛	2200-800 BC
青铜时代（2000-1000 BC）			
FJ204320	Tartas1	西西伯利亚	2000 BC
FJ204321	Tartas2	西西伯利亚	2000 BC
FJ204322	Tartas3	西西伯利亚	2000 BC
FJ204323	Tartas4	西西伯利亚	2000 BC
FJ204325	Tartas5	西西伯利亚	2000 BC

Genbank 号	遗址名称	地区	时代
FJ204326	Tartas6	西西伯利亚	2000 BC
FJ204327	Tartas7	西西伯利亚	2000 BC
FJ204328	Tartas8	西西伯利亚	2000 BC
DQ900922	大山前遗址	中国内蒙古	2000 BC
DQ900923	大山前遗址	中国内蒙古	2000 BC
DQ900924	大山前遗址	中国内蒙古	2000 BC
DQ900925	大山前遗址	中国内蒙古	2000 BC
FJ204350	Lori-Berd	北亚美尼亚	1950-1750 BC
FJ204368	Lori-Berd	北亚美尼亚	1950-1750 BC
FJ204371	Lori-Berd	北亚美尼亚	1950-1750 BC
DQ683527	Portalon	伊比利亚半岛	1920-1720 BC
DQ683534	Portalon	伊比利亚半岛	1890-1680 BC
DQ683526	Portalon	伊比利亚半岛	1750-1590 BC
DQ683535	Portalon	伊比利亚半岛	
FJ204372	Miciurin	摩尔多瓦	1500-1000 BC
FJ204373	Miciurin	摩尔多瓦	1500-1000 BC
FJ204374	Miciurin	摩尔多瓦	1500-1000 BC
FJ204375	Miciurin	摩尔多瓦	1500-1000 BC
FJ204376	Miciurin	摩尔多瓦	1500-1000 BC
FJ204366	Garbovat	罗马尼亚	1500-1000 BC
FJ204367	Garbovat	罗马尼亚	1500-1000 BC
FJ204365	Mohra-Blur	亚美尼亚	
FJ204370	Lchashen	亚美尼亚	1410-1250 BC
HM802279	Cueva Rubia-Valmayor/Madrid	伊比利亚半岛	1350 BC
FJ204389	Cueva Rubia-Valmayor/Madrid	伊比利亚半岛	1350 BC
FJ204377	丰台遗址	中国青海	905-800 BC
FJ204378	丰台遗址	中国青海	1000-800 BC
FJ204379	丰台遗址	中国青海	1000-800 BC
EQC86	木垒县平顶山墓群	中国新疆	1000-6000 BC
EQC87	木垒县平顶山墓群	中国新疆	1000-6000 BC
EQC88	木垒县平顶山墓群	中国新疆	1000-6000 BC
EQC89	木垒县平顶山墓群	中国新疆	1000-6000 BC

续表

Genbank 号	遗址名称	地区	时代
EQC90	木垒县平顶山墓群	中国新疆	1000-6000 BC
EQC91	木垒县平顶山墓群	中国新疆	1000-6000 BC
EQC92	木垒县平顶山墓群	中国新疆	1000-6000 BC
EQC93	木垒县平顶山墓群	中国新疆	1000-6000 BC
铁器时代			
FJ204369	Shirakavan	亚美尼亚	895-795 BC
FJ204329	Om-1	阿尔泰地区	900 BC
FJ204391	Soto de Medinilla -Valladolid	伊比利亚半岛	800 BC - 6 AD
FJ204330	Arzan2	南西伯利亚图瓦	619-608 BC
FJ204331	Arzan2	南西伯利亚图瓦	619-608 BC
FJ204332	Arzan2	南西伯利亚图瓦	619-608 BC
FJ204333	Arzan2	南西伯利亚图瓦	619-608 BC
FJ204334	Arzan2	南西伯利亚图瓦	619-608 BC
FJ204335	Arzan2	南西伯利亚图瓦	619-608 BC
FJ204336	Arzan2	南西伯利亚图瓦	619-608 BC
FJ204337	Arzan2	南西伯利亚图瓦	619-608 BC
FJ204338	Arzan2	南西伯利亚图瓦	619-608 BC
FJ204339	Arzan2	南西伯利亚图瓦	619-608 BC
FJ204340	Arzan2	南西伯利亚图瓦	619-608 BC
FJ204341	Arzan2	南西伯利亚图瓦	619-608 BC
FJ204342	Arzan2	南西伯利亚图瓦	619-608 BC
FJ204343	Arzan2	南西伯利亚图瓦	619-608 BC
EU931584	新店子遗址	中国内蒙古	500 BC
EU931585	新店子遗址	中国内蒙古	500 BC
EU931586	新店子遗址	中国内蒙古	500 BC
EU931587	新店子遗址	中国内蒙古	500 BC
EU931588	新店子遗址	中国内蒙古	500 BC
EU931589	新店子遗址	中国内蒙古	500 BC
EU931590	新店子遗址	中国内蒙古	500 BC
EU931591	新店子遗址	中国内蒙古	500 BC
EU931592	新店子遗址	中国内蒙古	500 BC
EU931593	新店子遗址	中国内蒙古	500 BC

续表

Genbank 号	遗址名称	地区	时代
EU931594	新店子遗址	中国内蒙古	500 BC
EU931595	新店子遗址	中国内蒙古	500 BC
EU931596	板城遗址	中国内蒙古	500 BC
EU931597	板城遗址	中国内蒙古	500 BC
EU931598	板城遗址	中国内蒙古	500 BC
EU931599	板城遗址	中国内蒙古	500 BC
EU931600	板城遗址	中国内蒙古	500 BC
EU931601	板城遗址	中国内蒙古	500 BC
EU931602	板城遗址	中国内蒙古	500 BC
EU931603	小双古城遗址	中国内蒙古	500 BC
EU931604	小双古城	中国内蒙古	500 BC
EU931605	小双古城	中国内蒙古	500 BC
EU931606	小双古城	中国内蒙古	500 BC
EU931607	于家庄	中国宁夏	500 BC
EU931608	于家庄	中国宁夏	500 BC
EU931609	毛园遗址	中国河南	500 BC
DQ900926	大山前遗址	中国内蒙古	500 BC
DQ900927	井沟子遗址	中国内蒙古	500 BC
DQ900928	井沟子遗址	中国内蒙古	500 BC
DQ900929	井沟子遗址	中国内蒙古	500 BC
DQ900930	井沟子遗址	中国内蒙古	500 BC
FJ204344	Olon-Kurin-Gol 10	蒙古	400-300 BC
FJ204345	Olon-Kurin-Gol 10	蒙古	400-300 BC
FJ204346	Olon-Kurin-Gol 10	蒙古	400-300 BC
EQ9	枣树沟脑遗址	中国陕西	西周中晚期
EQ10	枣树沟脑遗址	中国陕西	西周中晚期
EQ11/12	枣树沟脑遗址	中国陕西	西周中晚期
EQ13	枣树沟脑遗址	中国陕西	西周中晚期
EQ16	石人子沟	中国新疆	400-120 BC
EQ20	石人子沟	中国新疆	400-120 BC
EQ21	石人子沟	中国新疆	400-120 BC
EQ24	石人子沟	中国新疆	400-120 BC

续表

Genbank 号	遗址名称	地区	时代
EQ42	石人子沟	中国新疆	400-120 BC
AJ876887	Berel	哈萨克斯坦	300 BC
AJ876889	Berel	哈萨克斯坦	300 BC
AJ876888	Berel	哈萨克斯坦	300 BC
AJ876891	Berel	哈萨克斯坦	300 BC
AJ876892	Berel	哈萨克斯坦	300 BC
AJ876890	Berel	哈萨克斯坦	300 BC
AJ876885	Berel	哈萨克斯坦	300 BC
AJ876884	Berel	哈萨克斯坦	300 BC
AJ876883	Berel	哈萨克斯坦	300 BC
AJ876886	Berel	哈萨克斯坦	300 BC
DQ007571		俄罗斯乌拉尔	213±34 BC
DQ007573	Bol. Lyakhovsky Island	西伯利亚东北部	2220±50 BP
AF326678		瑞典南部	100 BC
AY129532	Herculaneum	意大利	79 BC
AY129530	Pompeii	意大利	79 BC
DQ327848	Clare，Edenvale	冰岛	1595 BP
AF326677		瑞典南部	200-500 AD
AF326676		瑞典南部	200-500 AD
AF326679		瑞典南部	200-500 AD
中世纪			
EU559584	喀尔巴阡盆地	匈牙利	600-700 AD
EU559585	喀尔巴阡盆地	匈牙利	600 AD
FJ204392	Mucientes-Valladolid	伊比利亚半岛	660-780 AD
DQ327851	Derbyshire, Carsington Pasture	英国	692 AD
AY049720	Kwakji	韩国济州岛	700-800 AD
EU093030	喀尔巴阡盆地	匈牙利	900 AD
EU093031	喀尔巴阡盆地	匈牙利	900 AD
EU093032	喀尔巴阡盆地	匈牙利	900 AD
EU093033	喀尔巴阡盆地	匈牙利	900 AD
EU093034	喀尔巴阡盆地	匈牙利	900 AD
EU093035	喀尔巴阡盆地	匈牙利	900 AD

Genbank 号	遗址名称	地区	时代
EU093036	喀尔巴阡盆地	匈牙利	900 AD
EU093037	喀尔巴阡盆地	匈牙利	900 AD
EU093038	喀尔巴阡盆地	匈牙利	900 AD
EU093039	喀尔巴阡盆地	匈牙利	900 AD
EU093040	喀尔巴阡盆地	匈牙利	900 AD
EU093041	喀尔巴阡盆地	匈牙利	900 AD
EU093042	喀尔巴阡盆地	匈牙利	900 AD
EU093043	喀尔巴阡盆地	匈牙利	900 AD
EU093044	喀尔巴阡盆地	匈牙利	900 AD
EU559575	喀尔巴阡盆地	匈牙利	900 AD
EU559576	喀尔巴阡盆地	匈牙利	900 AD
EU559577	喀尔巴阡盆地	匈牙利	900 AD
EU559578	喀尔巴阡盆地	匈牙利	900 AD
EU559579	喀尔巴阡盆地	匈牙利	900 AD
EU559580	喀尔巴阡盆地	匈牙利	900 AD
EU559581	喀尔巴阡盆地	匈牙利	900 AD
EU559582	喀尔巴阡盆地	匈牙利	900 AD
EU559583	喀尔巴阡盆地	匈牙利	900 AD
DQ683531		伊比利亚半岛	980-1050 AD

3.5　中国古代遗址情况简介

3.5.1　青铜时代

3.5.1.1　内蒙古大山前遗址

　　大山前遗址位于赤峰市西南部的喀喇沁旗永丰乡大山前村，文化面貌以夏家店下层文化为主，属于中国北方青铜时代早期文化遗存，距今 4000～3500 年遗址中发现了大量适于农业生产的石制工具以及保存有炭化谷物的祭祀坑，墓葬中殉牲以猪为主，其次是牛、羊，表现出以农业为主，兼营畜牧、狩猎的复合经济形态[1, 2]。

3.5.1.2 青海丰台遗址

丰台遗址位于青海省东部互助县的丰台村，在县城西北约 3 千米处。遗址坐落在湟水支流沙塘川河谷的西坡上，海拔约 2500 米，是一处青铜时代晚期卡约文化的居住址，面积达数万平方米，年代为距今 3200 ~ 2800 年。

3.5.1.3 新疆木垒遗址

木垒哈萨克自治县是新疆维吾尔自治区昌吉回族自治州最东边的一个县，位于东天山北麓，准噶尔盆地东南缘，奇台县以东，巴里坤县以西，南倚天山与鄯善县隔山相望，北与蒙古人民共和国交界。遗址共分布有 6 处古代墓葬遗址群，年代大约为青铜时代中晚期，14C 年代测定为公元前一千纪至公元前六世纪，性质初步判断为天山塞人游牧文化墓葬与祭祀遗址[3]。

3.5.2 商—西周时期

陕西枣树沟脑遗址

枣树沟脑遗址位于陕西省淳化县润镇乡梁家村，处在泾河支流通神沟河东侧的坡地及台塬上。枣树沟脑遗址发现于 2005 年，并于 2006 年进行了正式发掘。在此发现了大量的新石器时代至隋唐时期遗存，其中以先周时期遗存最为丰富[4]。

3.5.3 东周时期

3.5.3.1 宁夏于家庄遗址

于家庄遗址位于宁夏回族自治区固原县西北约 15 千米的彭堡乡，1987 年秋，宁夏文物考古研究所对其进行了发掘，墓葬中随葬器物除戈、矛、短剑外，以车马器和日常用具较多，并以随葬牛、马、羊的头骨和蹄骨为其显著特点。从出土遗物上分析，此墓地建立的年代约为春秋晚期或战国早期[5]。

3.5.3.2 内蒙古小双古城

小双古城墓和板城墓分别地位于内蒙古凉城县岱海的南岸和北岸，2003 年 5 月至 10 月间，内蒙古文物考古研究所对这两个遗址进行了抢救性考古发掘。小双古城墓地面积很小，占地仅 3000 平方米，清理墓葬 16 座。墓穴底部放置殉牲的马、牛、羊头骨及蹄骨，头骨均正置，吻部朝前，蹄骨散放于头骨之间。其中羊头骨最多，马、牛头骨较少。根据墓葬的性质，陪葬的器物，推测此墓地的年代为战国早期[6]。

3.5.3.3　内蒙古板城墓地

板城墓地，也称为忻州窑子墓地，占地面积 15000 平方米，共清理墓葬 67 座。除被破坏的墓葬外，墓穴前部填土中均见殉牲，种类有马、牛、羊、狗的头骨和蹄骨。动物头骨多下颌朝上摆放，头向与人骨一致，马、牛等大型动物的头骨置于前部，羊、狗的头骨放在后边，蹄骨散落于其间，推测该墓地年代属春秋晚期。

3.5.3.4　内蒙古新店子墓地

和林格尔新店子墓地位于内蒙古和林格尔新店子乡小板申村北，浑河岸边向阳的山坡上。1999 年，内蒙古文物考古研究所对该墓地进行了科学的发掘。该墓地总面积达 30000 平方米，分为东、西两区，中间以一条巨大的冲沟为界，东区墓葬共 46 座，西区墓葬 11 座，绝大多数是土坑竖穴墓。随葬品主要为装饰品、武器、工具，散见于人骨的周围，以青铜器为大宗，同时殉牲现象普遍，多为牛、马、羊，呈现出北方草原民族的文化特色，通过墓葬类型和出土文物推定，其年代应在春秋中期至战国早期[6]。

3.5.3.5　内蒙古井沟子遗址

井沟子遗址西区墓葬位于赤峰市北部的林西县井沟子自然村北，年代大致在春秋晚期至战国前期，属于中国北方青铜时代晚期文化遗存[7]。从遗址所反映出来的经济形态上看，是一个发达的畜牧业类型遗存，马的地位在畜群中显得尤为突出，从时间、地域和经济形态等方面看，井沟子类型都与文献记载的古族东胡有着紧密的联系[8]。

3.5.3.6　河南毛园民宅

毛园民宅二号车马坑位于河南省新郑市"郑韩故城"东城区毛园民宅的西南部。河南省文物考古研究所于 2003 年 1 月 27 日开始清理，至 2004 年 2 月 14 日清理结束。2 号车马坑为长方形竖穴土坑，东两向，坑底葬三辆车、八匹马、一只狗。从坑内所出车辆的形制以及出土物观察，该车马坑应属于春秋时期。

3.5.4　秦汉时期

石人子沟

石人子沟遗址（原名东黑沟遗址），位于新疆巴里坤哈萨克自治县石人子村南、东天山（巴里坤山）北麓，根据出土文物判断，该遗址年代约为西汉前期，是一处规模较大、内涵较丰富且具有代表性的古代游牧文化聚落遗址[9]。任萌通过文化因素分析比较，结合历史文献记载，认为此处遗存为属于西汉前期匈奴文化的遗存[10]。

注　释

［1］朱延平，郭治中，王立新. 内蒙古喀喇沁旗大山前遗址 1996 年发掘简报［J］. 考古，1998（9）：43-49.

［2］王立新. 大山前遗址发掘资料所反映的夏家店下层文化的经济形态与环境背景［C］. 边疆考古研究（第 6 辑）. 北京：科学出版社，2007：350-357.

［3］赵欣，东晓玲，韩雨，等. 新疆木垒县平顶山墓群出土马骨的 DNA 研究［J］. 南方文物，2017（3）：187-191.

［4］王振，钱耀鹏，刘瑞俊. 陕西淳化枣树沟脑遗址 2007 年发掘简报［J］. 文物，2013（2）：55-66.

［5］钟侃，陈晓桦，延世忠. 宁夏固原于家庄墓地发掘简报［J］. 华夏考古，1991（3）：55-63.

［6］曹建恩. 内蒙古中南部商周考古研究的新进展［J］. 内蒙古文物考古，2006（2）：16-26.

［7］2002 年内蒙古林西县井沟子遗址西区墓葬发掘纪要［J］. 考古与文物，2004（1）：6-19.

［8］王立新. 关于东胡遗存的考古学新探索［J］. 草原文物，2012（2）：55-60.

［9］王建新，张凤，任萌，等. 新疆巴里坤县东黑沟遗址 2006～2007 年发掘简报［J］. 考古，2009（1）：3-27.

［10］任萌. 从黑沟梁墓地、东黑沟遗址看西汉前期东天山地区匈奴文化［C］. 西部考古（第 5 辑）. 北京：科学出版社，2011：252-290.

第4章　陕西龙山时期古代马的DNA分析

4.1　遗址概况

近年来，随着考古工作的深入，陕西省陆续发现了多处龙山时期城址，其中最重要的是陕西石峁遗址。陕西石峁遗址位于陕西省榆林市神木县高家堡镇石峁村秃尾河与支流洞川沟交汇处的山梁台塬之上（图4.1）。1976年1月，戴应新先生根据神木县高家堡公社提供的线索发现了石峁遗址，并于同年9月做了复查，征集到一批出土文物，根据出土的玉石器、陶器初步判断石峁遗址属于龙山时期文化遗存[1]。

20世纪80年代，西安半坡博物馆和陕西省考古研究所（现陕西省考古研究院）先后对石峁遗址进行了小范围的考古试掘和调查[2]。2011～2014年，陕西省考古研究院与榆林市文物考古勘探工作队、神木县文体局组成联合考古队，对石峁遗址进行了区域系统考古调查，确认石峁城址由"皇城台"、内城和外城

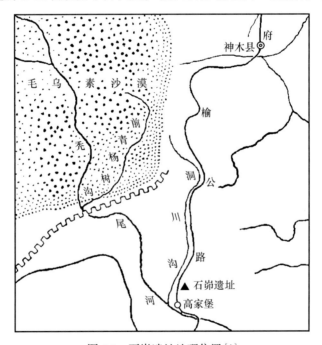

图 4.1　石峁遗址地理位置[1]

3 个层次构成,总面积超过 400 万平方米[3],并对石峁遗址外城东门址[4]以及内城中的后阳湾、呼家洼地点[5]、韩家圪旦地点[6]进行了抢救性试掘。通过对出土玉器和陶器等遗物的研究表明石峁遗址是龙山晚期至夏代早期之间(距今 4300 ～ 3800 年)的超大型中心聚落,对研究中国文明起源具有重要意义。最近,石峁遗址的发掘过程中,出土了大量动物骨骼,陕西省考古研究院胡松梅研究员在对出土动物骨骼分析中发现了 5 个马科动物牙齿,从形态上看与家马极为接近。尽管西北甘青地区曾经发现几处年代较早的马骨,由于早期研究人员对动物骨骼不重视,导致这些马科动物骨骼均已遗失,在此角度上看,这是目前陕西地区发现的龙山时期的马骨,显得意义重大,对于揭示家马在西北地区的起源与传播具有重要的意义。

木柱柱梁遗址位于陕西省神木县大保当镇野鸡河村南约 3 千米的木柱柱梁北部缓坡上(图 4.2)。2011 ～ 2012 年,为配合当地基建设工作,陕西省考古研究院与榆林市文物考古勘探工作队联合对该遗址进行调查和发掘,该遗址是一个完整的环壕聚落遗址,从出土器物特征上属于龙山晚期,初步分析,石峁遗址是该区域的中心聚落,而木柱柱梁遗址则是地区区域网络中的一环[7]。木柱柱梁遗址出土了大量动物骨骼,羊骨的出土概率高达 91.25%,表明羊的普遍消费和利用程度明显高于中原农业发达地区,木柱柱梁古代居民不仅饲养羊为了肉食消费,还开发奶、皮和毛[8]。但是食谱研究却显示该遗址先民,基本以粟作农业为食,肉食消费程度较低[9]。从陕北地区的生业模式上看,仰韶时代晚期生业方式以农业为主、畜牧为辅,发展龙山时代晚期转变为以畜牧为主、农业为辅[10]。在木柱柱梁遗址中研究者还发现了非常少的马(2.03%)和驴(1.02%)。

从目前的考古材料和古 DNA 研究看,中国的家马无疑是从中亚地区因误引入的,很可能通过东西方人群间的贸易交流活动,由甘青地区或者欧亚草原引入中国的。因此,这两个遗址出土的马骨遗骸对我们了解龙山晚期陕北与外界的文化互动与交流具有重要的意义。本研究希望通过对石峁和木柱柱梁遗址的古代马进行线粒体 DNA(mtDNA)分析,揭示其母系来源组成,结合现有的古代马 DNA 数据,为陕北地区龙山时代晚期周邻地区考古学文化交流提供新的佐证。

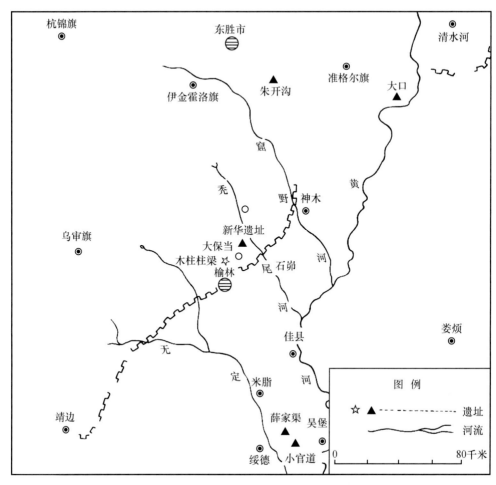

图 4.2　木柱柱梁遗址地理位置示意图[7]

4.2　样 本 信 息

两个遗址一共采集了 9 个样本,具体见表 4.1。

表 4.1　样本信息

遗址	采集部位	考古编号	实验编号	结果
石峁	上白齿残端	T16②:D1	SM01H	成功
木柱柱梁	左桡骨远端	IH203:6	MZ101H	失败
木柱柱梁	右尺桡骨联合	IH155:D8	MZ102H	失败
木柱柱梁	左胫骨远端	IH70②:D10	MZ103H	失败

遗址	采集部位	考古编号	实验编号	结果
木柱柱梁	左肩胛骨	IG6③：4	MZ104H	成功
木柱柱梁	右肱骨远端	H75④：D4	MZ105H	成功
木柱柱梁	右跖骨近端	IF13：7	MZ106H	失败
木柱柱梁	左肱骨远端	IH209：9	MZ107H	失败
木柱柱梁	右下颌骨	H49：D1	MZ108H	失败

4.3　结果与分析

4.3.1　石峁遗址古代马

SM01H 成功获得了 mtDNA 序列，与参考序列 X79547 相比，其变异位点为：15495C-15526C-15540G-15585A-15602T-15649G-15651A-15718T-15720A，共 9 个变异位点，可归为 X4a 世系（15495C-15526C-15540G-15602T-15649G-15718T-15720A），根据 Cieslak 的研究，X4a 最早在伊比利亚半岛青铜时代 Portalon 遗址（公元前 2200～前 1960 年）出现，铁器时代在南西伯利亚图瓦的阿尔然 2 号大墓（Arzan2，公元前 619～前 608 年），春秋战国时期（公元前 500 年）在板城墓地出现，稍晚在中亚的哈萨克斯坦贝雷尔（Berel）（公元前 300 年），考虑到基因型出现的地理位置和时间，显示了该基因型明显的由西向东扩散的趋势，进一步表明西北地区的家马进入中国的一个重要节点。

距今 4000 年前随着气候变得干冷，欧亚大陆的自然环境改变导致古人的生业模式发生了转变。郭物指出公元前第二千纪后半期到第一千纪的前半期，欧亚草原青铜时代末期正在经历社会巨变，欧亚草原正在经历游牧化的历程，即原来以畜牧-农耕经济为主的社会开始采用游牧经济的方式[11]。欧亚草原的人群开始频繁迁徙，寻找合适的牧场，导致人群的交流开始频繁起来。考古资料显示，在这一时期青铜金属冶炼技术、大麦小麦等农作物开始向东传播，西北地区最早接触了青铜冶炼技术。石峁遗址地处陕北黄土高原北部边缘，位于陕西、山西和内蒙古三地交界处，居于中国北方农牧交错带中心位置，农耕文化与游牧文化在此碰撞。从出土陶器上看，石峁与周边晋中、内蒙古中南部、晋南地区甚至甘青地区考古学文化存在广泛交流。值得注意的是，石峁遗址还出土了欧亚草原风格的石雕或石刻人像，为研究龙山时代中国北方与欧亚草原的文化交流提供了重要线索[12]。郭静云甚至认为石峁是来自欧亚草原的游战族群的栖息所[13]。韩建业认为石峁遗存属于发源于内蒙古的老虎山文化，在距今 4000 年左右，环境巨变，老虎山文化南下临汾，后向西北迁移[14]。本研究中，石峁古代马的基因很明显来自欧亚大陆西部，结合上述考古学证据，暗示石峁人群与欧亚草原人群有着密切的接触和联系，为研究中国家马起源提供了新的线索。

4.3.2 木柱柱梁遗址古代马

木柱柱梁样本保存状态较差，8 个样本仅成功 2 个（MZ104H、MZ105H），两条序列中尚存在一些未测到的位点（表 4.2），将其与参考序列 X7954 相比，一共发现 13 个变异位点，很多是家马中不常见的位点。因此我们在 NCBI 上进行了 BLAST 共享序列搜索，我们发现匹配率最高的是奥氏马（*Equus ovodovi*），该物种最早在俄罗斯西南西伯利亚哈卡斯（Khakassia）距今 4 万年前的晚更新世普罗斯库里亚科瓦（Proskuriakova）岩洞中被发现，现已灭绝，而且并没有被驯化[15]。先前的古 DNA 显示奥氏马（*Equus ovodovi*）与马属中非马物种（驴、斑马等）的关系较近，而与马的关系较远，暗示它可能是一种独立的马属物种[16~18]。2019 年，Yuan 等在中国黑龙江地区也发现了奥氏马（*Equus ovodovi*）的踪迹，年代在距今 4 万~1.2 万年[19]。

表 4.2 木柱柱梁遗址样本的变异位点

序列名称	变异位点												
	1 5 4 7 4	1 5 4 9 5	1 5 4 9 7	1 5 5 0 2	1 5 6 3 5	1 5 6 4 2	1 5 6 4 9	1 5 7 0 3	1 5 7 1 9	1 5 7 2 0	1 5 7 2 6	1 5 7 3 9	1 5 7 7 0
X79547	T	T	C	A	C	C	A	T	A	G	G	A	C
MZ104H	C	C	?	?	?	?	?	C	C	?	A	G	T
MZ105H	C	C	T	G	T	T	G	C	C	A	A	G	T

注："?"表示没有测到的位点。

为了进一步确定木柱柱梁遗址 2 个样本的种属，我们选择了现代马 X79547、KT368725、KT757740、KT757741，普氏野马 JN3898402，现代家驴 X97337，蒙古野驴 JX312730，西藏野驴 JX312732，索马里野驴 KM881681，现有的 ovodovi 数 据 JX312730、KY114520、H52707（ZDT4）、H52708（ZDT7）、H52709（ZDT9），利用 IQ-tree 程序构建系统发育树，最佳模型为 HKY+F+G4（基于 BIC 标准），分支支持度基于超快自展值方法。系统发育树（图 4.3）显

示两个木柱柱梁样本 MZ104H 和 MZ105H 聚集在奥氏马（*Equus ovodovi*）分支中，分支置信度高达 97%，这表明木柱柱梁的样本毫无疑问是属于奥氏马（*Equus ovodovi*），这一结果完全改写了我们对中国古代野马的认知，通常我们认为中国的野马主要是普氏野马。值得注意的是，系统发育树显示奥氏马（*Equus ovodovi*）与驴有着最近共同祖先，在先前的形态分析中表明奥氏马（*Equus ovodovi*）与驴相似。考古人员基于骨骼形态认为木柱柱梁遗址中存在的驴极有可能是奥氏马（*Equus ovodovi*）。木柱柱梁的其他样本都失败了，我们并不能确认里面是否有马，需要今后进一步的工作确认。

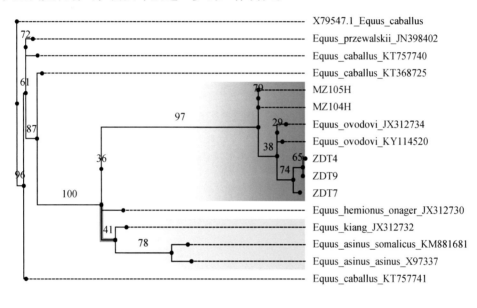

图 4.3　马、驴和奥氏马（*Equus ovodovi*）系统发育树

4.4　小　　结

我们对陕西龙山时期石峁遗址和木柱柱梁遗址出土的马骨遗骸进行了古 DNA 分析，这是目前陕西地区发现的年代较早的样本。结果显示石峁的样本属于 X4a 世系，其母系起源于欧亚大陆西部，这一结果表明西北地区是家马进入中国的重要通道。此外木柱柱梁遗址的马骨属于已经灭绝的奥氏马（*Equus ovodovi*）。两个不同种属的马在同一地区发现，表明奥氏马（*Equus ovodovi*）的生态位与家马比较接近，但其最终并没有被人类驯化，其灭绝可能与人类的大规模猎杀捕食有关。

注　　释

［ 1 ］戴应新 . 陕西神木县石峁龙山文化遗址调查［J］. 考古，1977（3）：154-157.

［ 2 ］魏世刚 . 陕西神木石峁遗址调查试掘简报［J］. 史前研究，1983（2）：92-100.

［ 3 ］孙周勇，邵晶，邵安定，等 . 陕西神木县石峁遗址［J］. 考古，2013（7）：15-24.

［ 4 ］孙周勇，邵晶 . 马面溯源——以石峁遗址外城东门址为中心［J］. 考古，2016（6）：82-89.

［ 5 ］孙周勇，邵晶，邵安定，等 . 陕西神木县石峁遗址后阳湾、呼家洼地点试掘简报［J］.
　　　考古，2015（5）：60-71.

［ 6 ］孙周勇，邵晶，邵安定，等 . 陕西神木县石峁遗址韩家圪旦地点发掘简报［J］. 考古与
　　　文物，2016（4）：14-24.

［ 7 ］王炸林，郭小宁，康宁武，等 . 陕西神木县木柱柱梁遗址发掘简报［J］. 考古与文物，
　　　2015（5）：3-11.

［ 8 ］杨苗苗，胡松梅，郭小宁，等 . 陕西省神木县木柱柱梁遗址羊骨研究［J］. 农业考古，
　　　2017（3）：13-18.

［ 9 ］陈相龙，郭小宁，胡耀武，等 . 陕西神木木柱柱梁遗址先民的食谱分析［J］. 考古与文
　　　物，2015（5）：112-117.

［10］孙永刚，常经宇 . 陕北地区仰韶时代晚期至龙山时代生业方式分析［J］. 辽宁师范大学
　　　学报（社会科学版），2018，41（1）：110-117.

［11］郭物 . 南西伯利亚早期游牧王国王族墓地的景观、布局和形制［J］. 欧亚学刊，2015
　　　（2）：14-34.

［12］郭物 . 从石峁遗址的石人看龙山时代中国北方同欧亚草原的交流［N］. 中国考古网，
　　　2013-4-18.

［13］郭静云 . 古代亚洲的驯马、乘马与游战族群［J］. 中国社会科学，2012（6）：184-204.

［14］韩建业 . 石峁人群族属探索［J］. 文物春秋，2019（4）：13-17.

［15］Eisenmann V, Vasiliev S. Unexpected finding of a new Equus species (Mammalia,
　　　Perissodactyla) belonging to a supposedly extinct subgenus in late Pleistocene Deposits of
　　　Khakassia (Southwestern Siberia)［J］. Geodiversitas, 2011, 33: 519-530.

［16］Orlando L, Metcalf J L, Alberdi M T, et al. Revising the recent evolutionary history of equids
　　　using ancient DNA［J］. Proceedings of the National Academy of Sciences, 2009, 106 (51):
　　　21754.

［17］Vilstrup J T, Seguin-Orlando A, Stiller M, et al. Mitochondrial phylogenomics of modern and
　　　ancient equids［J］. PLoS One, 2013, 8 (2): e55950.

［18］Druzhkova A S, Makunin A I, Vorobieva N V, et al. Complete mitochondrial genome of an
　　　extinct Equus (Sussemionus) ovodovi specimen from Denisova cave (Altai, Russia)［J］.

Mitochondrial DNA Part B. 2017, 2 (1): 79-81.

［19］Yuan J, Hou X, Barlow A, et al. Molecular identification of late and terminal Pleistocene Equus ovodovi from northeastern China ［J］. PLOS ONE. 2019, 14 (5): e216883.

第 5 章　陕西少陵原西周墓地出土古代马 DNA 研究

5.1　遗址概况

少陵塬墓地位于陕西西安市长安区东南约 5 千米的杜曲镇东杨万村东北的少陵原边上，陕西省考古研究院于 2004 年 10 月至 2005 年 10 月进行发掘清理，共清理出西周墓葬 429 座，殉马坑 3 座，仰韶时期灰坑 12 座。根据考古发掘资料确定这是一处距今约 3000 年的西周家族墓地遗址，为研究西周的政治制度、军事制度及平民生活提供了丰富的资料[1]。

5.2　样本信息

本研究采集了少陵原车马坑出土的 5 个样本进行实验，样本如表 5.1。

表 5.1　西周少陵原车马坑取样情况

	采样部位	数量	编号	文化分期
1 号车马坑	左上白齿	1	SLH1	西周
2 号车马坑	右下门齿 I3	1	SLH2	西周
3 号车马坑	右 I1 左 I3	1	SLH3	西周
1 号车马坑 4 号马	右上 M3	1	SLH4	西周
1 号车马坑 5 号马	右上 P3	1	SLH5	西周

5.3　结果与分析

5.3.1　古代序列

在少陵原西周车马坑的 5 个样本中，SLH4 和 SLH5 成功获得 201bp 长度序列，其余样本失败，如表 5.2 所示。

表 5.2　少陵车马坑样本实验结果

线粒体控制区位置	SLH1	SLH2	SLH3	SLH4	SLH5
15424—15625	×	×	×	√	√
15571—15772	×	×	×	√	√

将序列与参考序列 X79547 相比，一共发现 9 个的变异位点，SL4H 的变异位点为：15495C-15542T-15597G-15602T-15635T-15650G-15666A-15703C-15720A，SL5H 的变异位点：15495C-15635T-15650G-15666A-15703C-15720A，如表 5.3 所示。

表 5.3　古代的序列和线粒体世系信息

序列	变异位点									
	1	1	1	1	1	1	1	1	1	世系
	5	5	5	5	5	5	5	5	5	
	4	5	5	6	6	6	6	7	7	
	9	4	9	0	3	5	6	0	2	
	5	2	7	2	5	0	6	3	0	
X79547	T	C	A	C	C	A	G	T	G	
SL4H	C	T	G	T	T	G	A	C	A	A1
SLH5	C	•	•	•	T	G	A	C	A	A3

5.3.2　线粒体世系分布

根据变异位点 SL4H 属于 A1 世系，SL5H 属于 A3 世系，根据 Jansen 的研究，A1 和 A3 主要分布在欧亚大陆西部马群中，东部马群中比较少见。A1 世系最早出现在西西伯利亚塔尔塔斯 1 号遗址（公元前 2000 年），稍晚在罗马尼亚加博瓦特（Garbovat）遗址（公元前 1500 ～前 1000 年）、南西伯利亚图瓦地区（公元前 619 ～前 608 年）出现。此前，在春秋战国时期内蒙古地区板城、小双古城、新店子、井沟子等遗址中也发现了 A1 世系。A3 世系最早出现在西西伯利亚塔尔塔斯 1 号遗址（公元前 2000 年），此后在中亚哈萨克斯坦贝雷尔（Berel）遗址（公元前 300 年）中发现，在大山前遗址战国晚期的 K425 样本中也发现了 A3 世系。从地理位置和时间节点上看，世系 A1 和 A3 具有很明显的由西向东的扩散趋势。

5.3.3　基因型在古代遗址中的分布

具体在线粒体基因型水平上看，SL4H 与匈牙利喀尔巴阡盆地出土的三匹马序列完全一致，其中两匹马 EU093043 、EU559575 的年代为公元 900 年，一匹马 EU559585 为公元 600 年。此外，SL4H 同陕西淳化县西周中晚期枣树沟脑遗址的一匹马 EQC13 相差一个位点 15585A，两者时代比较接近，且同在陕西境内。SL4H 与内蒙古春秋战国时期小双古城 LS01 号马完全一致，具有相同的母系来源，表明两个地区间存在物质交流，从样本的年代上看，相差近 500 年，极有可能由陕西向北扩散到内蒙古地区。值得注意的是，通过共享搜索，我们发现 SL4H 的基因型在现代马匹中也广泛存在，这表明该基因型的马匹受到人们的喜爱，在长期遗传育种中保持下来。SL5H 与内蒙古大山前遗址一个春秋战国时期的样本 K425 相差一个位点 15635T，但是并没有在其他古代遗址中发现。

注　　释

[1] 陕西省考古研究院 . 少陵原西周墓地［R］. 北京：科学出版社，2009.

第 6 章　陕西凤翔秦公一号大墓车马坑马骨遗骸古 DNA 研究

6.1　遗址概况

秦公一号大墓位于凤翔县城南雍水河北岸平地上，于 1976～1986 年先后发掘十年。大墓规模庞大，远远超过先秦诸侯的墓葬，是中国发掘的最大的先秦墓葬。根据墓葬中出土的石磬上的铭文，考古学家推断秦公一号大墓的墓主人为秦景公（？～前 537 年）。墓葬展示了春秋晚期秦国的强大，随葬物品丰富，墓葬规格很高，出土的黄肠题凑是周秦时代规格最高的葬具，并有 183 人的人殉[1]。2007 年，陕西省考古研究院在秦公一号大墓西南侧发现车马坑，坑为东西向长方形竖穴，东西长 17.5 米，南北宽 3.1 米，坑内底部自东向西依次摆设了 5 组车马，考古人员根据有车无轮的情况，推断其为正式陪葬坑之外的一个祭祀坑。这批车马坑的出土，一方面对于我们了解先秦车制、车马殉葬制度及祭祀制度诸多问题具有重要意义；另一方面，殉葬的马匹对我们探索中国家马的起源具有重要意义。本研究希望利用古 DNA 技术重建古代马的遗传结构，通过对比分析，揭示陕西地区古代马与其他地区古代马之间的遗传关系，为研究家马在中国的扩散提供有价值的线索。

6.2　样本来源及保存状况

本研究样品来自 2007 年 7 月至 11 月发掘的陕西凤翔秦公一号大墓 1 号祭祀坑。坑底东西向依次摆设 5 组车（自东向西依次编号 1～5 号车），每组车前分别有挽马工具。我们对每匹马的门齿进行了采样，对共 10 个样本进行古 DNA 分析（表 6.1）。

表 6.1　秦公一号大墓取样及样本保存情况

	位置	采样部位	编号	保存状态	时代
1 号车马坑	南马	右 I3	FX1	牙齿根部破损，表面裂纹	春秋晚期
	北马	左 I1	FX2	牙齿根部破损，表面裂纹	春秋晚期
2 号车马坑	北马	右 I1	FX3	铜锈渗入，牙齿呈绿色	春秋晚期
	南马	左 I1	FX4	牙齿根部破损，表面裂纹	春秋晚期
3 号车马坑	北马	左 I2	FX5	牙齿根部破损，表面裂纹	春秋晚期
	南马	左 I3	FX6	牙齿根部破损，表面裂纹	春秋晚期
4 号车马坑	南马	右 I1	FX7	牙齿根部破损，表面裂纹	春秋晚期
	北马	左 I1	FX8	牙齿根部破损，表面裂纹	春秋晚期
5 号车马坑	北马	左 I2	FX9	牙齿根部破损，表面裂纹	春秋晚期
	南马	右 I3	FX10	牙齿根部破损，表面裂纹	春秋晚期

6.3　结果与分析

6.3.1　秦公一号墓古代马 DNA 序列和世系归属

　　在秦公一号大墓出土的 10 个样本中，FX3、FX8、FX10 未能成功提取 DNA，其余 7 个样本均成功提取 DNA 并获得可靠的古 DNA 序列。其中 FX4、FX5 成功获得 349bp 的控制区序列（15424—15772），FX1、FX2、FX6、FX7、FX9 成功获得 201bp 长度（15424—15625）的序列，如表 6.2 所示。

表 6.2　秦公一号墓古代马实验结果

片段	FX1	FX2	FX3	FX4	FX5	FX6	FX7	FX8	FX9	FX10
15424—15625	√	√	×	√	√	√	√	×	√	×
15571—15772	×	×	×	√	√	×	×	×	×	×

注：√代表成功获得古 DNA 序列，×表示样本没有获得古 DNA 序列。

　　将序列与参考序列 X79547 相比共检测出 22 个变异位点，所有碱基变异位点全部是转换，无颠换，无插入发生。根据变异位点分析，依据 Jansen 等的命名系统，在 7 个序列中，FX1 和 FX2 分别属于 D 世系中的 D1 和 D2 亚组，FX4 属于 A 世系 A1 亚组，FX5 属于 B 世系 B2 亚组。由于缺乏后段的信息，推测 FX6、FX7、FX9 属于 A 世系，具体的亚组信息需要进一步的实验来补全序列验证（表 6.3）。

表 6.3　秦公一号墓古代马 DNA 序列和世系归属

样本	变异位点																										世系
	15441	15449	15512	15513	15534	15546	15581	15585	15590	15597	15599	15602	15603	15650	15658	15681	15685	15720	15737	15771	15800	15803	16060	16053	16070	16071	
X79547	T	C	C	G	A	C	C	C	G	A	A	C	T	C	G	A	G	A	C	T	G	C	A	T	A	G	
FX1	C	G	G	•	•	•	•	•	•	•	•	T	C	•	•	•	•	•	•	•	C	•	×	×	×	×	D1
FX2	C	G	G	•	•	T	•	•	•	A	A	A	C	•	•	•	•	•	•	•	•	•	×	×	×	×	D2
FX4	C	•	•	•	T	•	•	T	G	A	G	T	T	•	G	•	G	A	A	C	A	C	•	A	A	A	A1
FX5	C	•	•	G	•	•	•	•	•	•	•	•	•	•	•	•	•	•	•	•	•	•	•	•	•	T	B2
FX6	C	•	•	•	•	•	•	•	•	A	•	•	•	•	•	•	•	•	T	•	A	•	•	•	•	•	A
FX7	C	•	T	A	•	T	•	T	•	•	•	T	T	•	G	G	G	•	T	•	•	•	×	×	×	×	A
FX9	C	•	•	T	•	•	•	•	•	A	•	•	T	•	G	•	G	•	T	•	A	•	×	×	×	×	A

注：• 代表与参考序列 X79547 一致的位点，× 代表位点缺失。

6.3.2　秦公一号大墓古代马与现代马的遗传关系

为了追踪秦公一号大墓古代马与现代家马的遗传关系，我们利用 BLAST 程序在美国国家生物技术信息中心（NCBI）的 DNA 序列数据库（GenBank）中进行共享序列搜索，即搜寻与这些古代序列完全匹配的共享序列。秦公一号大墓的 7 个古代马样本中，有 5 个样本（FX1、FX4、FX5、FX6、FX9）在 GenBank 中搜索到了完全相同的共享序列，而 FX2 和 FX7 没有搜索到完全一致的共享序列，这表明部分古代马单倍型历经千年仍保存下来，对现代家马基因池的形成具有重要贡献，而有些古代马的单倍型则渐渐消失在历史的长河中。古代马的共享序列在世界各地的分布情况如下：FX1 主要分布在欧洲，尤其是伊比利亚半岛，在东亚等地有少量分布。FX4 主要分布在西南西伯利亚、中亚和东亚。FX5 所共享的单倍型数量较少，主要分布在中东、中亚、北亚和东亚。FX6 在欧亚大陆分布最为广泛，在欧洲、阿拉伯半岛、中亚、北亚和东亚均有分布，表明 FX6 是现代家马的主要基因型。FX9 主要分布在中亚、北亚和东亚地区。

6.3.3　秦公一号大墓古代马序列在中国古代遗址中的分布情况

为了探索秦公一号墓古代马与其他地区古代马的关系，我们调查了秦公一号墓古代马在中国 13 个古代遗址中的分布情况（表 6.4）。基于考古发掘资料分析，这些遗址的年代不尽相同。首先，大山前遗址的时代最早，属于中国北方青铜时代早期夏家店下层文化（年代为公元前 2000 ～前 1500 年）[2]。其次是西周时期（年代为公元前 1046 ～前 771 年）的陕西少陵原遗址[3] 和枣树沟脑遗址[4]，以及青海卡约文化（年代为公元前 1000 ～前 800 年）丰台遗址。最后，所有其他的遗址都属于春秋战国时期，年代为公元前 500 年。上述遗址古代马的线粒体 DNA 序列数据均已发表。在进行 DNA 序列比对后，我们发现 FX1、FX2、FX7 在其他古代遗址中均无发现，为秦公一号大墓古代马所独有的单倍型。FX4、FX5、FX6 和 FX9 在其他古代遗址中有分布，其中 FX6 序列分布最广泛，在丰台遗址、忻州窑子墓地、小双古城墓地以及毛园民宅均有分布；其次是 FX4 和 FX9 在枣树沟脑、板城墓地、新店子墓地均有发现；而 FX5 则仅出现在枣树沟脑遗址和于家庄墓地中。从时间上看，秦公一号大墓部分古代马在西周时期就已经在西北地区，并在春秋战国之际出现在宁夏、内蒙古地区，这一结果一方面反映了古代马的基因连续性，另一方面反映了不同地区的马群存在广泛的交流，可能与地区间的人群文化贸易交流活动有关。

表 6.4　秦公一号墓古代马在 13 个古代遗址中的分布

遗址名称	地点	年代（公元前）	分布情况
大山前遗址	内蒙古喀喇沁旗	2000	未发现
井沟子遗址	内蒙古林西县	550～300	未发现
板城墓地	内蒙古凉城县	500	FX4、FX6、FX9
小双古城墓地	内蒙古凉城县	500	FX6
新店子墓地	内蒙古和林格尔县	500	FX4、FX9
于家庄墓地	宁夏固原县	500	FX5
石峁遗址	陕西神木	2300～1800	未发现
木柱柱梁遗址	陕西神木	2300～1800	未发现
枣树沟脑遗址	陕西淳化县	1046～771	FX4、FX5、FX9
少陵原遗址	陕西西安市	1046～771	未发现
毛园民宅	河南省新郑市郑韩故城	500	FX6
丰台遗址	青海互助土族县	1000～800	FX6
石人子沟遗址	新疆哈密地区巴里坤县	400～120	未发现

6.4　讨　　论

6.4.1　秦公一号大墓古代马的母系来源

考古和基因证据表明，家马是在距今 5500 年前在中亚草原被驯化的，但是家马和马车从商代晚期才开始在中国大量出现，而且从马车的构造看，中国马车与西方马车在形制上基本相同，很可能与驯化的家马同时从西方传入[5]，连接东西方的欧亚草原通道和经由新疆及河西走廊的绿洲之路是家马进入中国的两条主要传播路线。秦公一号大墓出土的古代马为研究西北地区家马的起源提供了一个新的线索。在所获得的 7 个古代马 DNA 序列中，FX1 属于 D1 亚组，而 FX2 属于 D2 亚组。先前的研究显示世系 D1 亚组在西班牙伊比利亚半岛的现代家马中出现频率最高，并呈现一个由西向东逐渐降低的趋势，因而推测世系 D1 起源于伊比利亚地区。但近年来对伊比利亚半岛古代马的研究显示，世系 D1 亚组是在很晚的时候（公元 1000 年）才被引入伊比利亚半岛，但是经历了迅速的扩张而取代了当地的原生马。从目前看，世系 D1 亚组的建立者最早出现在南西伯利亚阿勒泰地区（公元前 900 年），稍晚的时候在内蒙古凉城县板城墓地（公元前 500 年）和哈萨克斯坦贝雷尔遗址（公元前 300 年）出现。世系 D2 亚组的建立者最早出现在青铜时代中欧摩尔多瓦米丘林（Miciurin）遗址（公元前 1500 ～前 1000 年），在铁器时代出现在图瓦（公元前 619 ～前 609 年）、蒙古（公元前 400 ～前 300 年）。FX5 属于世系 B2 亚组，该组的建立者最早也是出现在米丘林遗址，稍晚的时候在宁夏于家庄墓地以及哈萨克斯坦贝雷尔遗址也曾出现。从 D1、D2 和 B2 的出现时间和地点看，有一个明显的由西向东传播的趋势，考虑到中亚草原是家马的起源中心，我们的研究表明秦公一号大墓部分古代马的母系来自欧亚大陆西部。

6.4.2 秦与北方游牧民族的交流

在中国历史上，中原农耕民族与北方游牧民族在北方长城地带的冲突、碰撞与融合，几乎贯穿了古代历史发展的始终。早期的秦人先祖非子为周王室养马有功，被"分土为附庸，邑之秦"。西周末年，秦襄公赠送大批良马护送周平王东迁，立下大功而被封为诸侯，开始建国。由此可见，秦人的兴起很大程度上得益于马。春秋时期，秦人主要在陇山山地草原进行放牧养马，当时在秦人周边主要是游牧的戎狄部族。对土地、资源的争夺使得秦人与戎狄经常发生战争与冲突，文献中记载了大量秦与戎狄之间的战争，最终秦霸西戎。除了军事冲突，秦与戎狄之间也存在贸易交流活动，这一点从考古材料上得到了很好的印证。例如在关中地区也可以见到狄人遗存中非常有代表性的器物——虎饰牌、虎形铜器、花格剑与铜釜[6]。田亚岐先生指出东周时期关中秦墓也受到了戎狄文化因素的影响，体现了秦与戎狄文化的相互影响和交融[7]。在春秋战国时期，出于战争的需要，马成为最重要的家畜，马匹的保有量是衡量一个国家实力的重要标志。各个诸侯国通过设立国有养马场和鼓励私人养马获得足够数量的马匹来充实骑兵部队。此外，贸易交流活动也是从游牧民族中引战马的一个重要途径。秦国的地理位置使其可以很容易的从邻近的游牧民族那里引进优良的马匹。秦人与北方游牧人群的关系可以从其饲养的马匹可窥一斑。秦公一号大墓古代马 FX4、FX6 和 FX9 在春秋战国时期出现在内蒙古忻州窑子、小双古城、新店墓地。这三个墓地遗址都位于北方农牧交错带上，普遍流行用牛、马、羊殉牲，呈现典型的游牧人群特征。古代马 FX5 出现在宁夏于家庄墓地，该墓地也是游牧人群墓地。无论是与凤翔临近的宁夏地区，还是遥远的内蒙古地区都饲养相同的马，表明秦人与北方游牧人群存在广泛的贸易交流活动，同时也反映出古人在遗传育种上强烈的选择性。

6.4.3　汗血宝马引入时间的探讨

张骞出使西域时，在大宛国（今费尔干纳盆地）发现了汗血马，归来时说，"西域多善马，马汗血，其先天马子也"。在中国古代这种珍贵的马被称为"汗血宝马"。自此之后，围绕汗血马，在中原王朝与西域诸国之间展开一系列政治 经济、文化交流。为引进汗血宝马改良马种，汉武帝在公元前 104 ～前 103 年对大宛国发动两次远征，并最终带回 1000 匹汗血马。目前的科学研究表明，传说中的"汗血宝马"，实际上就是土库曼斯坦特产的"阿尔捷金马（Akhal-teke）"。所谓的汗血现象其实是因为马的皮肤极薄，血管密布，剧烈奔跑后血管会膨胀起来，流出的汗在阳光照射下看起来就像是血，故由此得名。汗血马是世界上最古老和优秀的马种之一，其培育的历史可以追溯到 3000 年前。许多世界著名的马种如纯血马、阿拉伯马、特雷克纳马都有阿尔捷金马的血统。汗血马作为一种珍贵、优良的马种，必定是古人重要的贸易对象，而秦国优越的地理位置使其很容易与游牧人群进行马匹的贸易交流，作为强大的秦国君主的陪葬车马坑，一定会选择最好的良马殉葬，因此能否在秦公一号大墓中发现汗血马的踪迹是我们关注的焦点问题。在共享序列搜索中，我们发现 FX5 的共享序列较少，主要是中亚马、阿拉伯马、北亚蒙古马和中国马。值得注意的是，FX5 与两个现代土库曼阿尔捷金马序列（DQ327958、EU093049）完全相同。FX4 的共享序列主要集中在西南西伯利亚和中亚，其中两个阿尔捷金马的序列（DQ327950、EU093051）引起了我们的注意，为了揭示中国古代马与阿尔捷金马的母系遗传关系，我们选择了现代土库曼阿尔捷金马的序列 DQ327950—DQ327967，GQ119632—GQ119636，EU093045—EU093063 作为对比，进行了中介网络分析（图 6.1）。中介网络图显示西周时期陕西枣树沟脑和青海丰台遗址，以及春秋战国时期宁夏于家庄、内蒙古新店子、板城墓地、小双古城、井沟子的古代马都与土库曼阿尔捷金马有关系，这表明汗血马的基因型很早就已经出现在西北地区，这远远早于汉代张骞出使西域的时间，进一步验证了早在汉代之前，我国与西方就已经有了经济文化交流。

6.5　小　　结

中国家马的起源与扩散一直是考古学家研究的热点问题。从考古材料上看，西北地区是家马进入中国的一个重要的驿站。但是，目前的古 DNA 研究主要集中于内蒙古地区的古代马，而关于西北地区古代马的 DNA 研究非常少。陕西凤

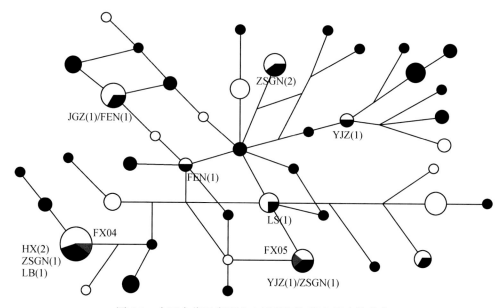

图 6.1　中国古代马序列在土库曼阿尔捷金马中的分布

（图中每一个圆圈代表一个基因单倍型，圆圈的大小与样本的数目成正比。红色代表秦公一号大墓古代马；
黑色代表其他遗址古代马，遗址编号参考图二，括号中的数字代表个体数；白色代表现代土库曼阿尔捷
金马）

翔秦公一号大墓车马坑出土的古代马，为研究家马的输入及扩散提供了新的材料和新线索。

　　根据线粒体 DNA 序列的变异位点，按照 Jansen 等人的命名系统，我们确定了秦公一号大墓古代马的线粒体世系，通过调查部分母系的出现时间和地点，我们发现部分古代马的母系起源于欧亚大陆西部。通过与不同时期、不同地点的中国古代马的序列进行对比分析，我们发现秦公一号大墓部分古代马的基因型早在西周时期就已经在西北地区出现，并且在春秋战国之际出现在宁夏、内蒙古地区，这说明了两个问题：①古代马的基因型最早在陕西出现，而不是在内蒙古地区，进一步表明西北地区是家马进入中国的一条重要通道；②古代马的基因型延续到春秋战国时期并且扩散到内蒙古地区，表明秦人与北方游牧人群存在广泛的交流活动，同时也反映出古人在遗传育种上强烈的选择性。

　　通过共享序列搜索我们也发现两个问题：①秦公一号大墓部分古代马的基因型延续到现代，对东亚地区现代家马的母系基因池的形成具有重要贡献；②秦公一号大墓古代马 FX4 和 FX5 基因型与汗血马有关，通过进一步对比中国古代马与土库曼阿尔捷金马的遗传关系，我们发现汗血马可能在西周时期就已经通过贸易引进到西北地区，远远早于汉代。值得注意的是，中国古代马的基因型也出现在其他品种的家马之中，尽管这可能与古代先民培育马种的过程中选择良马有

关，但中国古代马与汗血马的关系还需要进一步的研究，今后的古 DNA 全基因组研究有望为我们更清晰地揭示出中国古代马与汗血马的关系。

注　　释

［ 1 ］丁云，王言 . 秦公一号大墓的发掘与秦史研究的新认识［J］. 渤海学刊，1988（3）：80-84.

［ 2 ］朱延平，郭治中，王立新 . 内蒙古喀喇沁旗大山前遗址 1996 年发掘简报［J］. 考古，
　　　1998（9）：43-49.

［ 3 ］陕西省考古研究院 . 少陵原西周墓地［R］. 北京：科学出版社，2009.

［ 4 ］王振，钱耀鹏，刘瑞俊 . 陕西淳化枣树沟脑遗址 2007 年发掘简报［R］. 文物，2013
　　　（2）：55-66.

［ 5 ］龚缨晏 . 车子的演进与传播——兼论中国古代马车的起源问题［J］. 浙江大学学报（人
　　　文社会科学版），2003（3）：22-32.

［ 6 ］杨建华 . 中国北方东周时期两种文化遗存辨析——兼论戎狄与胡的关系［J］. 考古学报，
　　　2009（2）：155-184.

［ 7 ］田亚岐 . 东周时期关中秦墓所见"戎狄"文化因素探讨［J］. 文博，2003（3）：17-20.

第7章 陕西凤翔血池遗址出土古代马的分子考古研究

7.1 遗址概况

雍山血池遗址位于陕西省凤翔县血池村，南距宝鸡市约25千米，东南距秦雍城遗址约15千米。2016年、2017年，陕西省考古研究院、中国国家博物馆、宝鸡市考古研究所等单位对该遗址进行了大规模考古勘探与发掘，确认该遗址是一处大型国家祭祀遗址，对研究秦汉祭祀礼仪制度具有重要意义。雍山血池遗址数量最多的遗迹是分布较为密集的三类祭祀坑：明器化"车马"坑，马、牛的牺肉埋葬坑、"空坑"。在祭祀活动中，使用了大量的马匹，虽然我们目前尚不清楚这些马匹是由国家统一饲养，还是由不同地区征集的，但是毫无疑问这些马匹应当是秦人主要饲养的马匹品种。秦人非常重视马政建设，对如何饲养和管理马匹有着详细和明确的规定和标准，血池遗址出土的马匹，对于我们了解当时秦人马匹的母系组成和来源具有重要的意义。

7.2 样本信息

我们一共采集了10个样本用于古DNA分析，详见表7.1。

表 7.1 血池遗址古代马信息表

考古编号	采集部位	实验编号	结果
2017A Ⅱ T0253 K1 Ⅱ号马	牙齿	XC01H	成功
2017A Ⅱ T0253 K1 Ⅰ号马	牙齿	XC02H	成功
2017A Ⅱ T0253 K2 Ⅰ号马	牙齿	XC03H	成功
2017A Ⅱ T0353 K1 Ⅰ号马	牙齿	XC04H	成功
2017A Ⅱ T0353 K1 Ⅱ号马	牙齿	XC05H	成功
2017A Ⅱ T0353 K1 Ⅲ号马	牙齿	XC06H	成功

考古编号	采集部位	实验编号	结果
2017B Ⅱ T8053 K2 Ⅰ号马	牙齿	XC07H	成功
2017B Ⅱ T8053 K3 Ⅰ号马	牙齿	XC08H	成功
2017B Ⅱ T8053 K3 Ⅱ号马	牙齿	XC09H	成功
2017B Ⅱ T8053 K3 Ⅲ号马	牙齿	XC10H	成功

7.3　结果与讨论

7.3.1　实验结果

血池的样本保存的非常好，10 个样本都得到了古 DNA 序列，只有 XC08H 缺乏第一段的数据（表 7.2）。将其与参考序列相比，一共获得了 20 个变异位点，定义了 9 个单倍型，其中 XC05H 和 XC09H 共享同一个单倍型。根据变异位点，我们确定了线粒体母系世系，其中世系 A 的样本最多，A1 和 A6 亚组各两个，A3 和 A4 各一个，此外 C1、C2、D2、B 世系或亚组各一个。从世系的分布上看，来源非常广泛，遗传多样性较高，基于上述原因，我们认为血池祭祀的马匹可能是从全国各地征集来的，而不是有专门的用于献祭的马。多样性的母系来源反映了秦人养马业的发达。

7.3.2　血池古代马的母系来源

世系 A1 和 A3 在前文中已有描述，主要分布在欧亚大陆西部的马群中。

A4 世系最早出现在东欧罗马尼亚维塔尼斯特（Vitanesti）遗址（公元前 4350～前 4220 年），之后出现在西西伯利亚阿尔泰丹尼索瓦－普斯卡什（Denisova-Pescera）遗址（公元前 3000 年），亚美尼亚北部洛里－伯德（Lori-Berd）（公元前 1950～前 1750 年）和伊比利亚半岛波塔隆（Portalon）（公元前 1750～前 1590 年）。春秋战国时期，该世系扩散到中亚（贝雷尔遗址，公元前 300 年）、中国（新店子遗址，公元前 500 年）和蒙古［奥隆－库林－高尔 2 号墓（Olon-Kurin-Gol002），公元前 400～前 300 年］。

A6 世系在晚更新世晚期就已经出现在欧洲以及西伯利亚东部和北部地区，公元前 1000～前 8000 年在青海丰台遗址出现，春秋战国时期在内蒙古地区的小双古城遗址、板城遗址、新店子遗址，以及河南的毛园民宅遗址中出现。

表 7.2　血池古代马序列和世系分布信息

	变异位点																		世系
	15495	15496	15528	15534	15585	15597	15601	15602	15603	15617	15635	15649	15650	15659	15666	15703	15709	15720	
X79547	t	a	c	c	g	a	t	c	t	t	c	a	a	t	g	t	c	g	
XCO1H	c	•	t	c	•	•	c	t	•	c	•	•	•	c	•	•	•	a	C1
XCO2H	c	•	•	•	a	•	•	t	•	•	•	g	•	•	•	•	•	-	C2
XCO3H	c	•	•	•	•	g	•	t	•	•	•	•	•	•	•	•	•	a	A6
XCO4H	c	•	•	t	•	•	•	t	•	•	•	•	•	•	a	•	•	•	A4
XCO5H	c	•	t	•	g	•	•	t	•	•	t	•	g	•	a	c	•	a	A1
XCO6H	c	g	•	•	•	•	•	t	•	•	•	g	•	•	•	•	•	a	A6
XCO7H	c	g	t	•	a	g	•	t	c	•	t	•	g	•	•	•	t	a	D2
XCO8H	-	-	-	-	a	-	•	t	•	•	t	•	g	•	a	•	t	a	B
XCO9H	c	•	•	•	g	•	•	•	•	•	•	•	g	•	a	c	•	a	A1
XCO10H	c	•	•	•	g	•	•	•	•	•	•	•	•	•	a	•	•	a	A3

　　C1 世系主要存在于北欧斯堪的纳维亚半岛、芬兰等地的小马（例如埃克斯穆尔、挪威峡湾马、冰岛马、苏格兰高地马）中。属于 C1 世系的古马最早在新石器时代晚期（公元前 15000～前 14000 年）出现在德国图林根州科涅格雷特（Kniegrotte）遗址，之后在铜石并用时代（公元前 3250～前 3100 年）的乌克兰马雅基（Mayaki）遗址也有发现，在年代稍晚的南西伯利亚图瓦阿尔然 2 号大墓（公元前 619～前 608 年）以及哈萨克斯坦贝雷尔遗址（公元前 300 年）都有发现。

　　C2 世系在中国家马中比较少见，最近在晋江马、昌都马、大通马、云南矮马中发现少数个体属于 C2 世系[1]。最早出现在东南欧摩尔多瓦奥洛夫卡（Orlovka）遗址（公元前 4000 年），在铜石并用时代的乌克兰马雅基遗址（公元前 3520～前 3330 年），在摩尔多瓦年代稍晚的米丘林遗址中（公元前 1500～前 1000 年）也有出现。春秋战国时期出现在内蒙古板城遗址（公元前 500 年）。

　　D2 世系在现代伊比利亚半岛马群中占主要地位，最早出现在东南欧摩尔多瓦米丘林遗址（公元前 1500～前 1000 年），春秋战国时期前后，在中亚图瓦阿尔然 2 号大墓（公元前 619～前 608 年）、蒙古奥隆－库林－高尔 1 号墓（Olon-Kurin-Gol001，公元前 400～前 300 年）、内蒙古板城遗址（公元前 500 年）中均有发现。

　　XC08H 拥有 15602T-15709T-15720A 变异位点，由于缺乏第一段的数据，不能进一步区分是 B1 还是 B2 亚组，但是确定为 B 世系没有问题。

7.3.3　血池古代马基因型在其他遗址中的分布

　　为了揭示血池古代马与其他地区的联系，我们调查了血池古代马在不同遗址的分布情况，结果出人意料，六匹马的基因型在其他不同地区的遗址都能够找到，这表明不同地区之间存在广泛的文化交流活动（表 7.3）。从这些共享个体的地理分布和年代上看，几乎可以肯定血池古代马的线粒体基因型都是来自欧亚大陆西部马群。血池的古代马在欧亚大陆不同地区，不同时时期都延续下来，这表明这些马匹具有优秀的品质，是人们重点选育的珍贵品种。作为最重要的国家祭祀活动，秦人一定献祭上最好的马匹，考虑到血池古代马具有丰富的母系多态性，可以推断秦人应该是选择不同地区出产的优良马匹进行祭祀活动的。

表 7.3 血池古代马在其他古代遗址中的分布

样本名称	共享个体名称 / Genbank 号	共享所在遗址名称	地区	年代
XC04H	FJ204371	洛里－伯德	北亚美尼亚	公元前 1950～前 1750 年
	FJ204368	洛里－伯德	北亚美尼亚	公元前 1950～前 1750 年
	DQ683526	波塔隆	伊比利亚	公元前 1750～前 1590 年
	DBZS01H/DBZS10H	大堡子山	甘肃	公元前 500 年
	FJ204345	奥隆－库林－高尔 10 号墓	蒙古	公元前 400～前 300 年
	AJ876892	贝雷尔	哈萨克斯坦	公元前 300 年
XC05H/ XC09H	LB01	板城	内蒙古	公元前 500 年
	HX06	新店子	内蒙古	公元前 500 年
	HX02	新店子	内蒙古	公元前 500 年
	EQC13	枣树沟脑	陕西	西周中晚期
	FX4	秦公一号大墓	陕西凤翔	春秋战国
	FJ204334	阿尔然 2 号大墓	图瓦	公元前 619～前 608 年
XC06H	DQ007580	勒拿河·德尔塔（Lena R. Delta）	西伯利亚东南部	晚更新世
	LS02	小双古城	内蒙古	公元前 500 年
	EU559582	喀尔巴阡盆地	匈牙利	公元 900 年
XC07H	LB04	板城	内蒙古	公元前 500 年
	JLS01	九龙山	宁夏	公元前 500 年
	MJY42H	马家塬	甘肃	公元前 500 年
	DBZS02H/DBZS05H	大堡子山	甘肃	公元前 500 年
	AJ876884	贝雷尔	哈萨克斯坦	公元前 300 年
	AF326677		瑞典南部	公元 200～500 年
	DQ683531		伊比利亚	公元 980～1050 年
	DQ327851	德比郡（Derbyshire）	英国	公元 692 年
	EU559577	喀尔巴阡盆地	匈牙利	公元 900 年
XC10H	FJ204321	塔尔塔斯 1 号	西西伯利亚	公元前 2000 年
	EU093030	喀尔巴阡盆地	匈牙利	公元 900 年
	EU093044	喀尔巴阡盆地	匈牙利	公元 900 年

注　释

［ 1 ］Yang Y, Zhu Q, Liu S, et al. The origin of Chinese domestic horses revealed with novel mtDNA variants ［ J ］. Anim Sci J, 2017, 88 (1): 19-26.

第8章　甘肃春秋战国时期古代马的
分子考古学研究

8.1　引　　言

甘肃是丝绸之路上的重要节点，是连接东西方文化交流的纽带，是研究家马起源与扩散的一个重要地区。甘肃地区发现的年代最早的马骨出自武山傅家门遗址，距今 5000 年左右，在稍晚的齐家文化遗址如永靖大河庄遗址、秦魏家墓葬、火烧沟遗址中也发现有零星的马碎骨[1]。但由于早期发现的均为零星的碎骨，且没有进行 [14]C 测年以及系统的形态鉴定，很难断定在齐家文化时期是否有马的驯养。近年来，随着甘肃考古工作的深入，陆续发掘了一些春秋战国时期遗址，发现了大量的马骨遗骸。春秋战国时期，随着气候环境的变化，长城地带沿线出现了大量的游牧人群，除了原有的戎狄人群，还有大量从蒙古高原南下的游牧人群[2]，这使得该地区的文化交流日益频繁，马是农耕人群与游牧人群的重要贸易品。这一时期古代马开展的古 DNA 分析，对于了解东周时期甘青地区周边人群的文化交流互动具有重要的意义。

8.2　遗址概况和样本信息

大堡子山秦公墓地位于甘肃礼县城东 12 千米处的大堡子山，20 世纪 90 年代遭到疯狂的盗掘，大批珍贵文物流失海外。从墓地位置、墓制、葬式、器物等看，大堡子山秦公墓地属于早期秦文化遗址[3]，戴春阳根据发现的青铜器，推测 M2、M3 的墓主分别是秦襄公及其夫人，指出大堡子山墓地是西周晚期到春秋早期的秦公陵园[4]。

马家塬墓地位于张家川回族自治县木河乡桃园村村北的马家塬上，面积 3 万多平方米。自 2006 年起，早期秦文化联合考古队与张家川回族自治县博物馆联合对该墓地进行了跨年度连续性发掘[5～9]。从墓葬形制、出土器物上看，马家塬墓地包含有中国北方系青铜文化，欧亚草原斯基泰、赛克、巴泽雷克，秦文化以及甘青地区传统文化等多种文化因素[10]，是战国晚期西戎贵族的墓地。

本研究在两个遗址一共采集了 40 个样本用于古 DNA 分析（表 8.1），主要研究目的：①春秋战国时期甘肃地区古代马的母系遗传结构及其来源问题；②秦人与北方游牧人群的文化交流。

表 8.1　甘肃大堡子山和马家塬遗址采样信息

	考古编号	采集部位	实验编号	结果
甘肃大堡子山遗址	北 14 05LXD 上 Ⅳ T0106 K403	牙齿	DBZS01H	成功
	北 12 05LXD Ⅳ T0408 K406	牙齿	DBZS02H	成功
	北 13 05 LXD 上 Ⅳ T0408 K405	牙齿	DBZS03H	成功
	北 11 05LXD 上 Ⅳ T0408 K405	牙齿	DBZS04H	成功
	北 9 05LXD Ⅳ T0406 K406	牙齿	DBZS05H	成功
	北 6 05LXD Ⅳ T0106 K403	牙齿	DBZS06H	成功
	北 16 05LXD Ⅳ T0406 K404	牙齿	DBZS07H	成功
	北 8 05LXD Ⅳ T0405 K405	牙齿	DBZS08H	成功
	北 10 05LXD 上 Ⅳ T0408 K407	牙齿	DBZS09H	成功
	北 2 05LXD 上 Ⅳ T0106 K403	牙齿	DBZS10H	成功
	北 7 05LXD Ⅳ T0408 K407	牙齿	DBZS11H	失败
	北 1 05LXD 上 Ⅳ T0106 K403	牙齿	DBZS12H	成功
	北 15 05LXD 上 Ⅳ T0406 K404	牙齿	DBZS13H	成功
	北 4 05LXD 上 Ⅳ T0106 K403	牙齿	DBZS14H	成功
	05 LXD 上 马头	牙齿	DBZS15H	失败
甘肃马家塬遗址	E41 M17 3-27	牙齿	MJY19H	成功
	E30 M17 2-100	牙齿	MJY21H	成功
	E33 M17 3-41	牙齿	MJY22H	成功
	M17 2-90	牙齿	MJY23H	成功
	E37 M17 2-109	牙齿	MJY24H	成功
	E40 M17 3-10	牙齿	MJY25H	成功
	E32 M17 4-2	牙齿	MJY26H	成功
	E66 M17 3-11	牙齿	MJY27H	成功
	E54 M17 1-N052	牙齿	MJY28H	失败
	E38 M17 2-63B	牙齿	NJY29H	成功
	E44 M5 1-8	牙齿	MJY30H	成功

	考古编号	采集部位	实验编号	结果
甘肃马家塬遗址	E43 M17 3-23	牙齿	MJY31H	成功
	E39 M17 2-49	牙齿	MJY32H	成功
	E35 M17 2-32	牙齿	MJY33H	失败
	M17 2-56	牙齿	MJY34H	成功
	E42 M17 2-70	牙齿	MJY35H	成功
	E47 M17 1-N38	牙齿	MJY36H	失败
	E59 M17 3-2	牙齿	MJY39H	成功
	E56 M17 2-13	牙齿	MJY40H	成功
	E60 M17 3-3	牙齿	MJY42H	成功
	A01 M16 0-1 右 M2	牙齿	MJY43H	成功
	M6 0-2	牙齿	MJY44H	成功
	A03 M6 0-1	牙齿	MJY45H	成功
	A04 M6 0-3a	牙齿	MJY46H	成功
	A05 M6 or M16 0-3	牙齿	MJY47H	成功

8.3　结果与讨论

8.3.1　古代马序列

本研究一共获得 35 个古 DNA 序列，其中在马家塬遗址获得 22 个序列，大堡子山获得 13 个序列，本研究的成功率高达 87.5%，表明样本保存非常好，这可能与西北干旱的环境适合古 DNA 的保存相关。根据变异位点，一共确定 23 个单倍型，具体如下：

Hap_1：1 [MJY19Hok]

Hap_2：1 [MJY21Hok]

Hap_3：2 [MJY22Hok MJY34Hok]

Hap_4：1 [MJY23Hok]

Hap_5：2 [MJY24Hok DBZS09Hok]

Hap_6：1 [MJY25ok]

Hap_7：1 [MJY26ok]

Hap_8：1 [MJY27]

Hap_9：1［MJY29Hok］

Hap_10：1［MJY30Hok］

Hap_11：1［MJY31Hok］

Hap_12：1［MJY32Hok］

Hap_13：1［MJY35Hok］

Hap_14：1［MJY39Hok］

Hap_15：1［MJY40Hok］

Hap_16：3［MJY42Hok DBZS02Hok DBZS05Hok］

Hap_17：2［MJY43Hok MJY46Hok］

Hap_18：1［MJY44Hok］

Hap_19：6［MJY45Hok DBZS03Hok DBZS04Hok DBZS07Hok DBZS08Hok DBZS13Hok］

Hap_20：1［MJY47Hok］

Hap_21：2［DBZS01Hok DBZS10Hok］

Hap_22：2［DBZS06Hok DBZS12Hok］

Hap_23：1［DBZS14Hok］

单倍型 Hap_5，Hap_16，Hap_19 都是被两个遗址古代马同时共享的单倍型，其中 Hap_19 的共享个体最多，达到 6 个。Hap_5，Hap_16 都是被两个个体共享。

8.3.2　古代马的母系来源

根据变异位点，我们确定了每个单倍型的世系（表 8.2）。在马家塬马群的世系多样性要明显高于大堡子山马群。根据世系情况看，在大堡子山马群中仅有两个大的世系 A 和 D，两者的频率非常接近，世系 A 占 46%，世系 D 占 54%。相比之下，马家塬马群的多态性要明显高于大堡子山，马家源群体中的主要世系都来自欧亚大陆西部马群，例如 A1，A4，A6，B2，D2，D3。本次新发现的有 K*，F3，D3，X7a，G1。F 世系（包含 F1、F2 和 F3 亚组）是欧亚大陆东部马群的主要世系，被认为起源于欧亚大陆东部[13]。D3 与 D2 类似，也是最早出现在摩尔多瓦青铜时代米丘林遗址（公元前 1500～前 1000 年）。X7a 是比较稀少的单倍型，最早出现在西西伯利亚青铜时代塔尔塔斯 1 号遗址（公元前 2000 年），稍后再亚美尼亚拉夏辛（Lchashen）遗址（公元前 1410～前 1250 年）出现，在春秋战国时期出现在图瓦阿尔然 2 号大墓（公元前 619～前 608 年）。本研究最重要的发现就是 G1 世系，Cieslak 指出这是阿尔捷金马所特有的世系[14]。阿尔捷金马就是我们常说的汗血宝马，先前在凤翔秦公一号大墓研究中，我们就

表 8.2　古代马序列和世系归属

样本	变异位点																											世系归属
	15494	15512	15522	15523	15548	15561	15592	15534	15542	15545	15548	15578	15590	15596	15604	15602	15634	15649	15650	15666	15667	15686	15703	15706	15717	15719	15120	
X79547	t	c	a	c	a	g	c	a	g	c	t	t	a	g	a	a	g	a	a	a	a	a	t	c	a	a	g	
MJY19H	•	•	•	•	•	•	•	•	•	•	t	g	•	•	•	•	g	•	•	•	•	•	•	•	•	•	a	B2
MJY21H	•	•	•	t	g	•	•	•	•	•	t	•	•	•	•	•	•	•	•	•	•	•	c	•	•	•	a	F3
MJY22H	c	g	•	•	•	•	•	•	•	•	t	•	g	•	•	•	•	•	•	•	•	g	a	a	•	•	a	D3
MJY23H	•	•	•	•	•	•	c	•	•	•	t	•	a	c	•	•	•	•	•	•	•	•	c	•	•	•	a	X7a1*
MJY24H	•	•	•	•	•	•	•	•	•	•	t	g	•	•	•	•	•	g	•	•	•	•	c	•	•	•	a	A1
MJY25H	•	•	•	•	•	g	•	g	•	•	t	g	•	•	•	t	•	g	•	•	g	•	c	•	•	•	a	X5*
MJY26H	•	•	•	g	•	g	•	g	•	•	t	g	•	•	•	•	•	•	•	•	g	•	•	•	•	•	a	F1
MJY27H	•	•	•	•	•	•	a	•	•	•	t	•	•	•	•	t	•	•	•	•	•	•	•	•	•	•	a	B2
MJY29H	•	•	•	•	•	•	•	•	•	•	t	g	•	•	•	•	g	•	•	a	•	•	•	•	•	•	a	A6
MJY30H	•	•	•	•	•	•	•	•	•	•	-	-	-	-	-	-	-	-	-	-	-	-	-	-	-	-	-	?
MJY31H	•	•	g	•	•	•	•	g	•	•	t	•	g	•	g	•	•	g	•	•	•	g	•	•	•	•	•	A4
MJY32H	•	•	•	•	•	•	•	•	•	•	-	-	-	-	-	-	-	-	-	-	-	-	-	-	-	-	-	?
MJY34H	g	•	t	t	•	•	c	•	•	•	t	•	•	•	•	•	g	•	•	c	•	•	a	•	•	•	a	D3
MJY35H	•	•	•	•	•	•	•	a	•	•	t	•	a	•	•	•	•	•	•	•	•	•	c	•	•	•	a	K*

续表

样本	变异位点																											世系
MJY39H	•	c	•	g	•	•	•	•	•	•	•	•	c	•	•	•	•	•	•	•	g	•	•	•	•	•	•	A4
MJY40H	•	c	•	g	•	•	•	•	•	•	•	•	c	•	•	•	•	•	•	•	g	•	•	•	•	•	•	A4
MJY42H	c	c	g	•	t	•	•	t	c	•	a	•	•	•	•	•	g	•	•	•	•	g	t	c	a	•	a	D2
MJY43H	•	c	•	a	t	•	a	t	c	c	•	g	•	•	•	•	•	g	•	•	•	•	t	c	a	•	a	G1*
MJY44H	•	c	g	•	t	c	•	t	c	•	a	•	g	g	c	•	•	•	•	•	g	•	t	c	a	•	a	X7a*
MJY45H	c	c	•	g	t	•	a	t	c	•	•	•	•	•	•	•	•	•	•	•	•	•	t	c	a	•	a	D3
MJY46H	c	c	g	•	t	•	a	t	c	g	•	g	•	•	•	•	g	g	•	•	•	g	t	c	a	•	a	G1*
MJY47H	c	c	g	•	t	•	•	t	c	•	a	•	•	•	•	•	•	•	•	•	•	•	t	c	a	•	a	D2
DBZS01H	c	c	g	•	•	•	•	•	c	•	•	•	•	•	•	•	•	•	•	•	•	•	t	c	•	•	•	A4
DBZS02H	c	c	g	•	t	•	a	t	c	•	a	•	•	•	•	•	•	•	•	•	g	•	t	c	a	•	a	D2
DBZS03H	c	c	g	•	t	a	a	t	c	•	a	•	•	•	•	•	•	•	•	•	g	•	t	c	a	•	•	D3
DBZS04H	c	c	g	•	t	a	a	t	c	•	•	•	•	•	•	•	•	•	•	•	g	•	t	c	a	•	•	D3
DBZS05H	c	c	g	•	t	•	•	t	c	•	a	•	•	•	•	•	•	•	•	•	g	•	t	c	a	•	•	D2
DBZS06H	•	c	g	•	•	a	a	•	•	•	a	•	•	•	•	•	g	•	•	•	•	•	t	•	•	•	a	A6
DBZS07H	c	c	g	•	t	a	a	t	c	•	a	•	•	•	•	•	•	•	•	•	g	•	t	c	a	•	a	D3
DBZS08H	c	c	g	•	t	a	a	t	c	g	a	t	•	•	•	a	g	•	c	•	g	a	t	c	a	t	a	D3
DBZS09H	c	c	•	•	t	•	•	•	c	•	•	•	•	•	•	•	•	•	•	•	•	•	t	c	•	•	•	A1
DBZS10H	•	c	•	t	•	•	•	•	•	•	•	•	•	•	•	•	•	•	•	•	g	•	t	•	•	•	•	A4
DBZS12H	c	c	•	•	•	•	•	•	•	•	•	•	•	•	•	•	•	•	•	•	•	•	•	•	•	•	a	A6
DBZS13H	c	c	g	•	t	a	a	t	c	•	a	•	•	•	•	•	g	•	•	•	•	•	t	c	a	•	•	D3
DBZS14H	c	•	•	•	t	a	a	t	c	•	•	•	•	•	•	•	•	•	•	•	•	•	t	c	a	t	c	A6

说明：* 表示世系的命名基于 Cieslak[11]，其余基于 Jansen 命名系统[12]。

指出可能存在汗血马的可能性。在本研究中，我们最终识别出汗血宝马所特有的基因型，这是一个重大发现。在马家塬遗址发现汗血宝马也不奇怪，从马家塬墓地的发掘情况看，这是一个高等级的墓葬，不排除是西戎部落的首领，殉葬最好的骏马可能性非常大。

8.3.3　甘肃古代马在其他遗址中的分布

我们进一步调查了甘肃古代马在中国古代遗址中的分布情况（表 8.3），马家塬的马匹在不同遗址中分布较为广泛，这一点我们也可从他们文化的多元性看到。相反，大堡子山样本相对比较单一，可能是秦人正处在发展的早期阶段，其政治经济实力尚弱小，很难获得大量的良马。值得注意的是西周时期少陵塬 SL4H 在马家塬和大堡子山都有发现。早期秦人主要为周王养马，后来自礼县逐渐东迁，应该携带了大量的马匹进入关中地区，但是我们并没有看到大堡子山的单倍型传播到凤翔地区，这也可能与凤翔的样本较少有关，今后应展开进一步调查。

表 8.3　甘肃古代马在其他遗址中的分布

名称	共享个体名称 / Genbank 号	共享所在遗址名称	地区	年代
MJY26H	K316	大山前遗址	内蒙古	公元前 2000 年
	HX07	新店子	内蒙古	公元前 500 年
	EQC9	枣树沟脑	陕西	西周中晚期
	LB07	板城	内蒙古	公元前 500 年
MJY43H	FJ204379	丰台	青海	公元前 1000 ～前 800 年
MJY46H	LJM23	井沟子	内蒙古	公元前 500 年
MJY21	YJZ02	于家庄	宁夏	公元前 500 年
MJY24H	LS01	小双古城	内蒙古	公元前 500 年
DBZS09H	SL4H	少陵塬	陕西	西周
	EU093043	喀尔巴阡盆地	匈牙利	公元 900 年
	EU559575	喀尔巴阡盆地	匈牙利	公元 900 年
	EU559585	喀尔巴阡盆地	匈牙利	公元 900 年
MJY42H	LB04	板城	内蒙古	公元前 500 年

续表

名称	共享个体名称 / Genbank 号	共享所在遗址名称	地区	年代
DBZS02H	JLS01	九龙山	宁夏	公元前 500 年
	XC07H	血池	陕西	公元前 500 年
	AJ876884	贝雷尔	哈萨克斯坦	公元前 300 年
	AF326677		瑞典南部	公元 200 ~ 500 年
	DQ683531		伊比利亚	公元 980 ~ 1050 年
	DQ327851	德比郡	英国	公元 692 年
	EU559577	喀尔巴阡盆地	匈牙利	公元 900 年
MJY19	JLS03H	九龙山	宁夏	公元前 500 年
MJY23H	EU093035	喀尔巴阡盆地	匈牙利	公元 900 年
MJY25	FJ204340	阿尔然 2 号大墓	图瓦	公元前 619 ~ 前 608 年
MJY35H	EU093033	喀尔巴阡盆地	匈牙利	公元 900 年
	FJ204375	米丘林	摩尔多瓦	公元前 1500 ~ 前 1000 年
MJY45Hok DBZS03H DBZS04H DBZS07H DBZS08H DBZS13H	AJ876885	贝雷尔	哈萨克斯坦	公元前 300 年
MJY47H	EU559578	喀尔巴阡盆地	匈牙利	公元 900 年
	EQC90	木垒县平顶山墓群	新疆	公元前 1000 ~ 前 600 年
	FJ204330	阿尔然 2 号大墓	图瓦	公元前 619 ~ 前 608 年
	FJ204332	阿尔然 2 号大墓	图瓦	公元前 619 ~ 前 608 年
	FJ204344	奥隆 - 库林 - 高尔	蒙古	公元前 400 ~ 前 300 年
	FJ204374	米丘林	摩尔多瓦	公元前 1500 ~ 前 1000 年
	FJ204392	穆先特斯 - 巴利亚 多利德（Mucientes- Valladolid）	伊比利亚半岛	公元 660 ~ 780 年

注　释

[1] 袁靖 . 中国古代家马的研究 [M] . 西安：三秦出版社，2003：436-443.

[2] 杨建华 . 中国北方东周时期两种文化遗存辨析——兼论戎狄与胡的关系 [J] . 考古学报，
　　2009（2）：155-184.

［ 3 ］早期秦文化考古联合课题组，赵化成，王辉. 甘肃礼县大堡子山早期秦文化遗址［J］. 考古，2007（7）：38-46.

［ 4 ］戴春阳. 礼县大堡子山秦公墓地及有关问题［J］. 文物，2000（5）：74-80.

［ 5 ］周广济，方志军，谢言，等. 2006 年度甘肃张家川回族自治县马家塬战国墓地发掘简报［J］. 文物，2008（9）：4-28.

［ 6 ］刘兵兵，谢焱，王辉. 甘肃张家川马家塬战国墓地 2012 ～ 2014 年发掘简报［J］. 文物，2018（3）：4-25.

［ 7 ］周广济，赵吴成，赵卓，等. 张家川马家塬战国墓地 2007 ～ 2008 年发掘简报［J］. 文物，2009（10）：25-51.

［ 8 ］王辉，赵吴成，赵卓，等. 张家川马家塬战国墓地 2008 ～ 2009 年发掘简报［J］. 文物，2010（10）：4-26.

［ 9 ］谢焱，刘兵兵. 张家川马家塬战国墓地 2010 ～ 2011 年发掘简报［J］. 文物，2012（8）：4-26.

［10］王辉. 张家川马家塬墓地相关问题初探［J］. 文物，2009（10）：70-77.

［11］Cieslak M, Pruvost M, Benecke N, et al. Origin and History of mitochondrial DNA lineages in domestic horses［J］. PLoS One, 2010, 5 (12).

［12］Jansen T, Forster P, Levine M A, et al. Mitochondrial DNA and the origins of the domestic horse［J］. Proceedings of the National Academy of Sciences of the United States of America, 2002, 99 (16): 10905-10910.

［13］McGahern A, Bower M A, Edwards C J, et al. Evidence for biogeographic patterning of mitochondrial DNA sequences in Eastern horse populations［J］. Anim Genet, 2006, 37 (5): 494-497.

［14］Cieslak M, Pruvost M, Benecke N, et al. Origin and History of mitochondrial DNA lineages in domestic horses［J］. PLoS One, 2010, 5 (12).

第9章　宁夏固原地区春秋战国时期古代马的 DNA 分析

9.1　引　　言

宁夏回族自治区，位于中国西部的黄河上游地区，东邻陕西省，北部接内蒙古自治区，西、南与甘肃省相连。作为甘青地区的重要组成部分，宁夏不仅是东西方人类迁徙和文化交流的驿站，也是沟通西北与中原地区的重要桥梁。宁夏属于温带大陆性半湿润半干旱气候，四季分明，夏无酷暑，冬无严寒，自然地貌以丘陵、平原、山地、沙地为主，分布有多条黄河支流，适合人类居住。早在距今约 3 万年前的旧石器时代晚期，就有古人类在此生活。近年来，除了著名的水洞沟遗址，宁夏境内还发现了 30 余处旧石器时代晚期遗址[1]。在新石器时代中晚期，气候温暖湿润，宁夏古代居民采取农业为主，兼营牧业和狩猎的混合生业模式[2]。随着距今 5500 年和 4000 年的两次极端降温事件的发生，西北地区的气候开始变干旱，造成水资源的缺乏或不稳定，不利于农业生产。在西北地区以农耕为主的齐家文化开始衰落，随后的辛店文化和卡约文化的生业模式开始向游牧经济转变[3]，在内蒙古岱海地区，处于农牧交错带上的老虎山原始农业发生中断，鄂尔多斯地区朱开沟农业生产向畜牧业转变[4]，至春秋战国时期，西北和内蒙古地区出现了大量以蓄养马、牛、羊为主的游牧人群。

固原位于宁夏南部的六盘山地区，正处在北方农牧交错带上，自古以来就是中原农耕文化与草原游牧文化碰撞、交流融合之地。目前，在固原地区发现、发掘和清理的春秋战国时期游牧人群的墓葬有百余座，文化分布地点有 50 处左右，除了出土了典型的北方系青铜器，几乎每座墓葬都有许多马、牛、羊头骨随葬，这表明这些家畜与古人的关系非常密切[5, 6]。通常，家畜的驯化受到人类强烈的人工选择，反映了人类的特殊喜好和社会需求。此外不同遗址间的家畜还能够反映人群间的贸易和文化交流活动。因此，对这一地区家畜的研究对于我们揭示游牧人群的生业形态、畜牧业的发展以及不同地区考古学文化的交流互动具有重要意义。本研究将利用古 DNA 技术对固原地区春秋战国时期游牧人群殉牲的马进行分子考古研究，重建这一时期主要家畜的遗传结构，通过与其他地区家畜的对比分析揭示宁夏南部春秋时期与周边地区的交流联系。

9.2　遗址概况和采样信息

本研究所用马样本均由宁夏回族自治区考古研究所提供，采集自宁夏固原地区的三个考古遗址：王大户遗址、中庄遗址、九龙山遗址。中国国家博物馆安家瑗先生进行了种属鉴定。

王大户村春秋战国墓地位于彭阳县古城镇王大户村东北部的圆圪垯上，南距古城镇约 15 千米，距彭阳县城约 35 千米。2007 年 7 月期间因该墓地被盗扰而进行了抢救性发掘。共清理春秋战国时期墓葬 7 座，每座墓葬都有许多马、牛、羊头骨随葬，并发现有青铜短剑、铜戈等，但没有发现家用工具，推测是从事游牧畜养民族的遗存。在此遗址我们采集了 2 个马（WDH01H、WDH02H）进行古 DNA 分析。

中庄春秋战国墓地位于彭阳县城阳镇中庄柳台村北部一位李姓村民院落及周围，距城阳镇约 30 千米，距彭阳县城约 33 千米。2008 年 8 ～ 9 月对墓地进行调查、勘探和挖掘工作，共发现墓葬 2 座，墓道内放置大量的马、牛和羊的头骨和蹄骨，并发现有少量铜器、骨器、玛瑙珠等随葬品，同样未见农具，其墓葬性质与王大户一致。在此遗址我们采集了 4 个马（ZZ01H ～ ZZ04H）进行古 DNA 分析。

九龙山墓地位于固原市原州区西南约 1.3 千米的九龙山上，现属开城镇羊坊村，因其山形似九条青龙盘桓而得名。2009 年 4 ～ 5 月因该墓地被盗扰进行了抢救性发掘，共清理 11 座竖穴洞室墓，出土了一批重要的春秋战国时期牛、马、羊头骨标本和文物标本。在此遗址我们采集了 4 个马（JLS01H ～ JLS04H）进行古 DNA 分析。

9.3　结果与讨论

春秋时期是一个家马迅速发展的时期，马已经成为六畜之首，战车和战马盛行，马已经成为军事上的首要动力。本研究的马全部为春秋战国时期，从 10 个样本中一共获得 5 个 DNA 序列数据，其中九龙山 3 个、中庄 2 个（表 9.1），这 5 个序列都不相同，说明这些马匹具有很高的基因型多态性。根据序列变异位点，我们进行了世系归属分析，除了 JS02H 的世系不能确定，其他 4 个样本都能够确定世系，分别属于 D、D2、B2、A6（表 9.1）。先前的研究表明，世系 D1 亚组在西班牙伊比利亚半岛的现代家马中的频率最高，因而世系 D1 被认为起源于伊比利亚地区[7]，但最近的研究指出世系 D1 是后来很晚的时候才迁入伊比利亚地区的[8]。世系 D 的亚组 D2 最早出现在青铜时代中欧摩尔多瓦米丘林遗址（公元前 1500～前 1000 年），在铁器时代出现在图瓦（公元前 619～前 609 年）、蒙古（公元前 400～前 300 年）。世系 B2 亚组最早也是出现在米丘林遗址，在春秋战国宁夏于家庄墓地（公元前 500 年）以及铁器时代的哈萨克斯坦贝雷尔遗址（公元前 300 年）也曾出现。从出现的时间段来看，这些世系都晚于西方，考虑到中亚草原是家马的起源中心，我们的研究显示宁夏的古代马的母系都是来自西方。

为了进一步探讨宁夏春秋时期的古代马与同时期古代马之间的关系，我们选择了宁夏于家庄、内蒙古凉城县板城和小双古城墓地、和林格尔新店子墓地、赤峰井沟子遗址出土的古代马进行对比，这几个遗址都位于北方农牧交错带上，墓葬的文化面貌呈现游牧人群的特征，而且都埋藏有马、牛、羊，是非常好的对比材料。此外，我们还加入内蒙古赤峰大山前遗址青铜时代以及河南郑韩故城毛园民宅遗址春秋战国时期古代马。从经济形态上看，这两个遗址都不是典型的游牧人群的遗迹。但是在年代上，内蒙古大山前遗址属于青铜时期，有助于我们寻找春秋时期游牧人群马匹的来源，而河南的样本有助于我们了解游牧人群马匹的扩散问题。

中介网络分析显示了 11 个基因单倍型（图 9.1），其中 JLS02H 所在的基因单倍型在所有的遗址中都曾出现，说明这个基因型在古代非常重要。ZZ03 也是一个非常重要的基因单倍型，在大山前遗址、新店子遗址和板城墓地均有发现。JLS01H 在内蒙古板城墓地出现。JLS03H 和 ZZ04H 并没有在其他遗址出现，是宁夏所特有的基因单倍型。从时间上看，在青铜时代早期，宁夏部分古代马基因单倍型就已经在内蒙古赤峰地区出现，至春秋战国时期已经扩散到宁夏以及中原河南地区，这可能与北方游牧人群的扩张有关以及不同地区间的贸易活动有关。

为了了解宁夏古代马的基因延续性，我们在美国国家生物技术信息中心（NCBI）的核酸数据库中进行了共享序列搜索，JLS01H、JLS02H、JLS03H、ZZ03H 均在现代样本中搜索到共享序列，表明这些基因单倍型历经 2500 年的岁月，依然延续下来，同时也反映了人类对家畜的强烈遗传选育倾向。

表 9.1　宁夏古代马序列变异和世系归属

样品编号	变异位点															世系归属
	1	1	1	1	1	1	1	1	1	1	1	1	1	1	1	
	5	5	5	5	5	5	5	5	5	5	5	5	5	5	5	
	4	4	4	5	5	5	5	6	6	6	6	6	6	7	7	
	9	9	9	3	3	4	8	0	0	4	5	5	6	0	2	
	4	5	6	4	8	2	5	2	3	9	0	9	6	9	0	
X79547[①]	T	T	A	C	A	C	G	C	T	A	A	T	G	C	G	
JLS01H[②]	C	C	G	T	•	•	•	•	-	-	-	-	-	-	-	D
JLS02H[③]	•	C	•	•	•	•	•	•	-	-	-	-	-	-	-	不确定
JHS03H	•	C	•	•	G	•	•	T	•	•	G	•	•	T	A	B2
ZZ04H	C	C	G	T	•	•	A	•	C	G	•	C	•	•	A	D2
ZZ03H	•	C	•	•	•	T	A	T	•	•	G	•	A	•	A	A6

注：①X79547 为参考序列，代表与参考序列位点一致；"-"代表位点缺失；②JLS01H 由于缺乏识别位点，不能进一步确定世系亚组；③JLS02H 由于缺乏识别位点，不能确定世系。

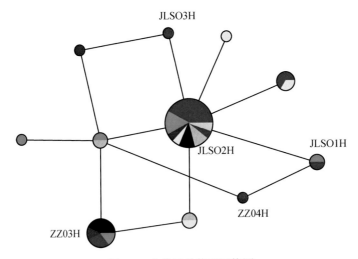

图 9.1　古代马单倍型网络图

（图中圆圈代表单倍型，圆圈的大小与个体数目成正比，不同颜色代表不同的遗址：红色代表本研究中宁夏的 3 个遗址，蓝色代表新店子墓地，绿色代表板城墓地，灰色代表小双古城墓地，黄色代表井沟子墓地，黑色代表大山前墓地，紫色代表宁夏于家庄墓地，亮蓝色代表河南郑韩故城毛园民宅车马坑）

9.4　小　　结

在本研究中，我们对宁夏固原地区春秋战国时期三个游牧人群的墓地出土的马进行了古 DNA 分析，希望通过分析不同时期、不同地区出土家畜的线粒体 DNA 基因单倍型，从时间跨度和地域分布两个方面上探讨古人饲养家畜的来源和基因连续性，及其所反映的古代人群间的联系和互动。通过古 DNA 分析，我们发现不同地区饲养的家畜均存在从新石器时代晚期或青铜时代早期至春秋战国时期，甚至到现代群体的基因连续性。例如在家马的分析过程中，我们发现在青铜时代早期，宁夏部分古代马基因单倍型就已在内蒙古赤峰地区出现，至春秋战国时期已经扩散到宁夏以及中原河南地区，这可能与北方游牧人群的扩张有关以及不同地区间的贸易活动有关，而且部分宁夏古代马的基因型甚至延续到现代。在古代黄牛和绵羊的分析过程中我们同样发现了类似情况，这也进一步表明人类在饲养过程中存在强烈的选择倾向性。除了基因连续性问题，我们还关心同一时期、不同地区古代家畜之间是否存在相同基因单倍型，这涉及人群间的往来及贸易交流活动。通过古 DNA 分析，我们发现不同的家畜之间可能存在不同的贸易模式。例如，我们发现春秋战国时期不同地区的马、牛和绵羊存在很多相同的基因单倍型，表明这三种家畜是人群间的主要贸易交流对象，尤其是某些重要的基因型在所有考古遗址中均有出现。

注　　释

［1］高星，裴树文，王惠民，等 . 宁夏旧石器考古调查报告［J］. 人类学学报，2004（4）：307-325.

［2］马强 . 宁夏出土北方系青铜器综合研究［D］. 陕西师范大学，2009.

［3］水涛 . 论甘青地区青铜时代文化和经济形态转变与环境变化的关系［C］. 环境考古研究（第二辑）. 北京：科学出版社，2000：65-71.

［4］连鹏灵，方修琦 . 岱海地区原始农业文化的兴衰与环境演变的关系［J］. 地理研究，2001，20（5）：623-628.

［5］苏银梅 . 春秋战国至秦汉时期固原地域文化变迁的考古学观察［J］. 西北第二民族学院学报（哲学社会科学版），2008（1）：47-50.

［6］马建军 . 宁夏南部春秋战国时期青铜文化的发现及其特征［J］. 西北第二民族学院学报（哲学社会科学版），2008（1）：41-46.

［7］周杉杉 . 浙江省余姚田螺山遗址水牛驯化可能性的初步研究［D］. 浙江大学，2017.

［8］陈相龙，吕鹏，金英熙，等 . 从渔猎采集到食物生产：大连广鹿岛小珠山遗址动物驯养的稳定同位素记录［J］. 南方文物，2017（1）：142-149.

第 10 章　新疆青铜时代古代马的 DNA 分析

10.1　引　言

在新石器时代晚期，家马的出现是人类社会发展史中的重要转折点之一，直接促进了人类交通方式、农牧业以及战争方式的改变，加快了人类文明的进程，对人类社会的发展有着深远的影响。最新的考古研究表明，人类对马的驯化始于距今 5500 年，地点是中亚哈萨克草原波太遗址。在早期青铜时代，随着大规模的人群迁徙、扩张以及文化交流活动，家马扩散到其他地区。

新疆地处亚欧大陆交往联系的要冲地带，是欧亚草原通道和史前丝绸之路的重要节点，是农作物、家畜和青铜技术传播的主要通路，其得天独厚的地理位置，是研究家马起源与扩散的重要地点。目前，新疆地区发现青铜时代马的遗址主要分布在西部地区，例如博尔塔拉河流域的温泉县阿敦乔鲁出土少量马骨、胡斯塔遗址（公元前 1600～前 1200 年）出土两个马头、喀什河流域尼勒克县吉仁台沟口遗址（公元前 1600～前 1000 年）出土大量的马骨。这些材料对于了解西天山地区青铜时代人群的起源、扩散及其与欧亚草原地带的文化交流具有重要的研究意义。

10.2　遗址概况和样本信息

吉仁台沟口遗址和墓地位于尼勒克县科克浩特浩尔蒙古民族乡恰勒根村东 1.5 千米处，地处喀什河出山口北岸二级和三级台地上，台地呈南北向长条形，长约 1 千米，宽约 300 米[1]。2015 年、2016 年新疆文物考古研究所对伊犁尼勒克县吉仁台沟口墓地和遗址进行了两次发掘工作，通过遗址内出土陶、铜等器物的对比，以及墓葬的佐证，发现遗址与墓葬考古学文化特征与安德罗诺沃文化遗存联系密切。我们采集了 13 个马牙进行 DNA 分析。新疆文物考古研究所对出土动物骨骼进行了测年，其中 NJ07H 的年代为公元前 1629～前 1500 年，这是目前为止经过 ^{14}C 测年的最早的马的样本（表 10.1）。

表 10.1　吉仁台沟口遗址样本信息

考古编号	实验编号	样本部位	结果
2015NJT4 ③：2	NJ01H	牙齿	成功
2015NJT4 ③：3	NJ02H	牙齿	成功
2015NJT4 ③：4	NJ03H	牙齿	成功
2015NJT4 ③：5	NJ04H	牙齿	成功
2015NJT4 ③：11	NJ05H	系骨	成功
2015NJT2F8：1	NJ06H	跟骨	失败
2015NJT2 ④：73	NJ07H	系骨	成功
2015NJT2 ④：56	NJ08H	距骨	失败
2015NJT2 ④：58	NJ09H	跟骨	失败
2015NJT2F8：65	NJ10H	荐椎	失败
2015NJM48	NJ11H	肢骨	失败
2015NJM47	NJ12H	肢骨	失败
2015NJM3	NJ13H	腕骨	失败

10.3　结果与分析

10.3.1　古代马序列

我们一共分析了 13 个样本（表 10.2），成功 6 例，失败 7 例，以往的研究中，新疆样本的成功率都在 70% 以上。本次研究的结果不佳，可能与当地的环境有关，该遗址地处伊犁地区，夏季雨水较为充沛，遗址比较浅，春季雪水融化会很快渗透到下面，长时间浸泡对骨骼破坏较大。NJ01H-NJ02H-NJ03H 共享一个单倍型，NJ04H、NJ05H 和 NJ07H 各有一个基因型。

表 10.2　古代马序列

样本	变异位点															
	1	1	1	1	1	1	1	1	1	1	1	1	1	1	1	1
	5	5	5	5	5	5	5	5	5	5	5	5	5	5	5	5
	4	5	5	5	5	5	5	5	6	6	6	6	6	6	7	7
	9	2	5	7	8	9	9	9	0	1	1	3	4	5	0	2
	5	1	3	0	8	6	7	8	2	5	6	5	2	9	3	0
X79547	t	g	g	g	g	a	a	t	c	a	a	c	c	t	t	g
NJ01H	c	•	•	•	•	•	c	t	g	g	•	•	•	c	c	a
NJ02H	c	•	•	•	•	•	c	t	g	g	•	•	•	c	c	a
NJ03H	c	•	•	•	•	•	c	t	g	g	•	•	•	c	c	a
JN04H	c	•	a	•	•	•	c	t	g	g	•	•	•	c	c	a
NJ05H	c	a	•	•	•	g	•	•	t	•	•	t	t	•	•	a
NJ07H	c	•	•	a	a	•	•	g	•	•	•	•	•	•	c	a

10.3.2　古代马的母系

根据变异位点，基于 Cieslak 命名系统[2]，NJ01H ～ NJ03H 和 NJ04H 归属于 X7a 世系，在甘肃马家塬中已经发现该世系。NJ05H 变异位点为 15495C-15521A-15596G-15602T-15635T-15642T-15720。G1 组的分型位点为 15495C-15521A-15596G-15602T-15720A，G1 是汗血马专有基因型，NJ05H 与 G1 相差两个变异位点，为了保险起见，我们暂不把 NJ05H 归为汗血马。NJ07H 属于 A6 世系。从古代马的母系来源看，都来自于欧亚大陆西部马群。为了进一步调查吉仁台古代马在其他遗址中的分布情况，我们进行了单倍型搜索，NJ01H-NJ02H-NJ03H 找到两个共享序列，FJ204328 属于青铜时代西西伯利亚塔尔塔斯 1 号遗址，FJ204341 属于南西伯利图瓦阿尔然 2 号大墓（公元前 619 ～前 608 年）。

林沄先生曾在《丝路开通以前新疆的交通路线》一文中指出伊犁河谷是北疆通向西方的最主要的天然通道[3]。安德罗诺沃文化的东进在这条通道上表现最突出。在尼勒克县的喀什河沿岸，穷科克遗址、阿克不早沟遗址和萨尔布拉克遗址等多处遗址出土遗物具有显著的安德罗诺沃文化的特征。通过对吉仁台沟口遗址出土古代马的 DNA 分析，结合遗址的考古学文化面貌，我们认为尼勒克吉仁台沟口遗址的古代马很可能在青铜时代（大约距今 3600 年前），通过安德罗沃诺文化人群由波太地区向西扩散，通过新疆西部的伊犁河谷进入新疆地区。

注　释

［ 1 ］王永强，阮秋荣. 2015 年新疆尼勒克县吉仁台沟口考古工作的新收获［J］. 西域研究，2016（1）：132-134.

［ 2 ］Cieslak M, Pruvost M, Benecke N, et al. Origin and History of mitochondrial DNA lineages in domestic horses［J］. PLoS One, 2010, 5 (12).

［ 3 ］林沄. 丝路开通以前新疆的交通路线［J］. 草原文物，2011（1）：55-64.

第 11 章 总 结

在新石器时代，家马的出现是人类社会发展史中的重要转折点之一，直接促进了人类交通方式、农牧业以及战争方式的改变，同时随着骑马民族的扩张活动导致人类的迁徙、种族的融合、语言和文化传播，使得原本各地相对独立的历史逐渐转变为相互沟通的世界史，对人类文明的发展产生了深远的影响。因此，家马的起源与驯化一直是考古学家、历史学家和遗传学家共同关注的热点问题。近年来，国内一些研究团队陆续开展了一系列古代家马的 mtDNA 研究，对河南、山东、内蒙古、宁夏、新疆等地多处遗址出土的马骨进行了 mtDNA 分析，发现中国家马的起源既有本地驯化的因素，也受到外来家马 mtDNA 基因流的影响，欧亚草原地带很可能是家马及驯化技术向东传播进入中国的一个主要路线。但是，由于缺少西北地区古代马的 DNA 数据，家马在甘青地区的扩散模式尚不清楚。此外，对早期青铜时代东亚地区是否尚存有野马资源以及是否有野马参与了驯化过程，我们还不清楚。为此，我们重点对新疆、西北甘青宁地区的 11 个遗址 97 古代马进行了古 DNA 分析，取得了一些新的认识。

11.1 揭示在早期驯化阶段东亚地区尚存有一个不为人知的新型野马——奥氏马（*Equus ovodovi*）

关于家马的野生祖先问题，一直是考古学家研究的重点，因为涉及驯化的核心问题。传统上，大多数学者主要是讨论普氏野马的问题，本研究也尝试对内蒙古金斯太遗址出土的 10 例普氏野马化石进行古 DNA 分析，结果失败了。令人惊喜的是，我们在分析陕西木柱柱梁遗址古代马 DNA 分析时，发现其变异位点与家马显著不同，通过 BLAST 共享序列搜索，我们发现匹配率最高的是奥氏马（*Equus ovodovi*），该物种最早在俄罗斯西南西伯利亚哈卡斯距今 4 万年前的晚更新世普罗斯库里亚科瓦岩洞中被发现，现已灭绝，而且并没有被驯化。古 DNA 系统发育分析显示，该物种与驴的遗传关系更近。大多数学者认为奥氏马（*Equus ovodovi*）灭绝于晚更新世末期（大约 1.2 万年前），我们的研究推翻了先前的传统认识，该物种一直幸存到新石器时代晚期。由于该物种形态较小，介于马和驴之间，极易被鉴定为驴，我们的研究为动物学家提供了新的线索，有必要重新审视早期的鉴定方法和结果。

11.2　提供中国家马起源的新线索

在先前的研究中，关于中国古代家马的研究并不多，而且样本的年代主要集中在春秋战国时期。目前，进行过古 DNA 研究的年代最早的马出自内蒙古大山前遗址夏家店下层文化层，年代为公元前 2000～前 1500 年。早期驯化阶段的环节缺失，使我们很难准确揭示家马起源与扩散的轨迹。早期的研究中显示欧亚草原是新石器时代东西方文化交流的主要通道，穿越西北地区的丝绸之路是历史时期东西方文化交流的主要通道，近年来在该地区持续的考古工作，表明西北地区对外交往的时间远远早于丝路的开通。本研究对西北地区两个青铜时代遗址石峁遗址（距今 4300～3800 年）和新疆吉仁台沟口遗址（距今约 3600 年）出土的古代马进行了古 DNA 分析，石峁样本归属于 X4a 世系，吉仁台样本归属于 X7a 和 A6，这些世系最早都出现在欧亚大陆西部青铜时代遗址，例如伊比利亚半岛青铜时代波塔隆遗址（公元前 2200～前 1960 年），西西伯利亚青铜时代塔尔塔斯 1 号遗址（公元前 2000 年），稍后铁器时代在南西伯利亚图瓦的阿尔然 2 号大墓（公元前 619～前 608 年），在中亚的哈萨克斯坦贝雷尔（公元前 300 年）出现，考虑到基因型出现的地理位置和时间，呈现明显的由西向东扩散的趋势。此外，吉仁台 NJ01H-NJ02H-NJ03H 样本还在青铜时代西西伯利亚塔尔塔斯 1 号遗址和南西伯利图瓦阿尔然 2 号大墓找到了共享序列，我们的结果进一步表明欧亚大陆西部的马群在早期青铜时代经新疆、西北地区被引入中国。

11.3　揭示春秋战国时期西北古代马的遗传多样性以及秦人与北方游牧人群的文化互动

本研究通过对甘肃大堡子山、甘肃马家塬、陕西凤翔秦公一号大墓、陕西凤翔血池等遗址的古代马的 DNA 研究，揭示了秦人主要饲养的马群的遗传结构，祭祀模式以及同周边游牧人群的交流互动。通过对大堡子山遗址古代马的 DNA 分析，我们发现大堡子山样本遗传多态性相对比较单一，可能与秦人正处在发展的早期阶段，其政治经济实力尚弱小，很难获得大量的良马有关。通过对血池国家祭祀遗址中出土古代马的 DNA 分析，我们发现秦人主要是从不同地区征集良马进行祭祀，而不是人为饲养特定的马匹用于祭祀活动。通过对马家塬遗址古代马的 DNA 分析，我们发现其母系来源非常复杂，来源广泛，这一结果与马家塬遗址多元的文化面貌相一致。秦人地处西部边陲，与农牧交错带上的游牧人群存在密切的交流，马匹是重要的交易对象。在春秋战国时期，战争频繁，马匹成为国家重要的军事力量，马匹的保有量是衡量一个国家实力的重要标志。贸易交流活动也是从游牧民族中引进战马的一个重要途径。秦国的地理位置使其可以很容易的从邻近的游牧民族那里引进优良的马匹。秦人与北方游牧人群的关系从其饲养的马匹可窥见一斑。春秋战国时期，在位于农牧交错带上的内蒙古板城、小双古城、新店墓地，宁夏王大户、九龙山、于家庄等遗址普遍流行用牛、马、羊殉牲，呈现典型的游牧人群特征。通过对比分析，我们发现秦人马匹的基因型与这些游牧人群的马匹相同，表明这些是马匹是通过贸易交流传播的。

11.4　汗血宝马的识别

当今世界上现存 600 ～ 1000 种马，其中汗血马是世界上最古老的马种之一。中国对"汗血马"的最早记录是在 2100 年前的西汉。西汉张骞出使西域后，嗜好宝马的汉武帝为获得当时大宛国的骏马，不惜发动了汉攻大宛之战，得胜后将千余匹大宛马带到了中原，并赐名为"汗血宝马"。汉武帝还让汗血宝马等西域良马与蒙古马杂交（参见司马迁《史记》、班固《汉书》），从此，中原的马种得到改良。汗血马伴随丝绸之路的畅通和东西交流不断传入中国，也成为丝绸之路上中国与中亚文化交流的见证。在对凤翔秦公一号大墓的古代马的 DNA 研究中，共享序列搜索显示秦公一号大墓古代马 FX4 和 FX5 基因型与汗血马有关，通过进一步对比中国古代马与土库曼阿尔捷金马的遗传关系，发现汗血马可能在西周时期就已经通过贸易引进到西北地区，远远早于汉代。马家塬遗址的两个样本属于 G1 世系，Cieslak 指出这是阿尔捷金马所特有的世系，而阿尔捷金马就是我们常说的汗血宝马。在马家塬遗址发现汗血宝马也不奇怪，从马家塬墓地的发掘情况看，这是一个高等级的墓葬，不排除是西戎部落的首领，为他殉葬最好的骏马可能性非常大，在汉代引入汗血马之前，游牧人群就已经认识到了它的优良品质。

后　记

　　家马的起源与驯化一直是考古学家、历史学家和遗传学家共同关注的热点问题。我在攻读博士学位期间的研究内容就是关于中国古代家马的起源，当时对河南新郑市郑韩故城毛园民宅二号车马坑、安阳殷墟、山东滕州前掌大、宁夏固原县彭堡于家庄、内蒙古凉城县板城和小双古城、赤峰大山前和井沟子、和林格尔新店子这几处考古遗址出土的马骨进行了古 DNA 分析，发现中国家马具有广泛的母系来源，既经历了本地驯化，也受到外来家马基因流的影响。由于缺乏西北地区的家马数据，家马的传播时间、路线和机制尚不清楚。因此博士毕业后我一直有意识地收集西北地区的古代马样本。在 2014 年我获得了国家社科基金项目资助，开展了新的研究，这也是本书的由来。

　　在研究中，我的博士研究生朱司祺、张乃凡，硕士研究生孙玮璐、陈曦、高雅云、栾伊婷、郭雅琪、邵鑫月做了大量的实验工作，成功获取了大量古代马的新数据，在此深表感谢，同时也祝他们在今后的工作中一帆风顺，事业有成，前程似锦。

　　感谢新疆文物考古研究所、陕西省考古研究院、甘肃省文物考古研究所、宁夏文物考古研究所、内蒙古文物考古研究所、河南省文物考古研究院、中国社会科学院考古研究所、南京大学历史学院的诸多师友多年来对我无私的支持，使我能够获得大量的第一手考古材料。

　　感谢我的授业恩师周慧教授、朱泓教授多年来对我的支持、帮助、鼓励和鞭策！

　　最后我想说的是，本书的完成只是中国家马起源研究的开始。近年来，随着二代测序技术的普及，古 DNA 研究已完成向二代测序平台的转移，我的工作重点也转移到古马基因组研究中，目前我们已经获得了近百匹古代马的基因组数据，目前正在进行数据分析，该项目的完成将会为中国家马起源研究带来全新的认识。

蔡大伟

2020 年于长春